Arduino アルドゥイーノ
標準ライブラリの使い方

はじめに

　産業用機器開発のエンジニアを10年以上経験してきました。

　マイコンのソフトの開発には専用の開発ツールや専門のボードが必要で、勉強するにもハードルが高く、苦労しました。

　しかし、私が社会人として生活をはじめた2000年代は、Arduino が出はじめたころで、マイコンに関する専門知識がなくても安価に動作確認ができる手軽さから、瞬く間に普及していきました。
　趣味で電子工作を楽しむ方が増えたり、職業訓練校に採用されるなど、Arduinoを活用した実例も多くなっています。
＊
　そのArduinoの活用例として、「IoT機器」があります。
　Arduinoのライブラリを使うことで、各種センサからデータが取得できます。
　そのため、マイコンの専門家でなくても、ライブラリの使い方さえ理解していれば手軽にIoT機器を作ることができるのです。

　たとえば、"スマートホーム用に「温湿度センサ」や「照度センサ」を使って室内の温湿度や照明を制御するIoT機器"や、"農業の用水池や水力発電の貯水池の水位を監視するIoT機器"など、社会インフラを担う用途まで応用範囲は幅広いです。
＊
　私は、IoT機器の開発に携わったことでArduinoに興味をもち、センサの動作確認を行なってきました。
　そして、「Arduinoの環境の作り方」や「標準ライブラリの使い方」など、Arduinoに慣れるまでの記録を残すため、ブログに公開してきました。

　本書が、「Arduinoをやってみようと考えている方」や、「電子工作に興味があるけど何をしたらいいか分からない方」の参考になれば、筆者として幸いです。

ENG かぴ

Arduino
アルドゥイーノ
標準ライブラリの使い方

CONTENTS

「サンプル・ファイル」のダウンロード

　本書の「サンプル・ファイル」は、工学社サイトのサポートコーナーからダウンロードできます。

＜工学社ホームページ＞

https://www.kohgakusha.co.jp/suppor_u.html

ダウンロードしたファイルを解凍するには、下記のパスワードを入力してください。

aG7Zz8y3

すべて「半角」で、「大文字」「小文字」を間違えないように入力してください。

第1章

「開発環境」の作り方と「スケッチ例」の使い方

Arduinoの開発環境である「Arduino IDE」の、「ダウンロード」と「インストール」の手順をまとめました。

1-1 使用する「スケッチ例」

「ライブラリ」の「スケッチ例」の使い方の一例として、「SoftwareSerial ライブラリ」を流用した方法で動作確認をします。

「ArduinoUNO」を対象にしていますが、「Arduino」環境下においては、種類を問わず同じ考え方でソフト開発ができます。

※以下、本書では「Arduino UNO」を使用する。

図1-1 「SoftwareSerial」ライブラリを流用した方法で動作確認

1-2 「Arduino開発環境」を作る

「Arduino」の開発環境である「**Arduino IDE**」のダウンロードからインストールまでの手順をまとめていきます。

対象OSは「Windows10」です。

※以下、本書では「Windows10」を対象OSとする。

■「Arduino IDE」のダウンロード

手 順 ダウンロード

[1]「Arduino IDE」は、下記のリンクから取得できます。

Arduino IDEのダウンロード　Download the Arduino IDE
https://www.arduino.cc/en/software

[2]「Download the Arduino IDE」のページから、[Windows win 7 and newer] を選択。

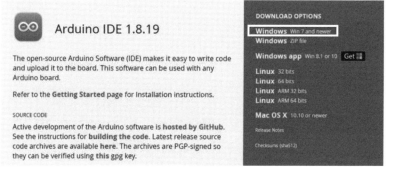

図1-2 「Windows win 7 and newer」を選択

[3] クリックすると、「Contribute to the Arduino Software」のページに遷移します。

寄付をする場合は、[CONTRIBUTE&DOWNLOAD] を選択。
ダウンロードだけの場合は、[JUST DOWNLOAD] を選択します。

　ダウンロードが終わったら「arduino-1.8.19-windows.exe」をクリックしてインストールを開始します。
（「1.8.19」は2022年7月時点のバージョンです。）

■インストール

　インストールは、基本的に何も設定せずに [Next] を選択しても、問題なく行なえます。

手　順	インストール

[1] [I Agree] をクリックします。

図1-3　[I Agree] をクリック

[2] 特に変更せずに [Next] をクリックします。

図1-4　[Next] をクリック

[3] インストール先のフォルダを選択して、[Install] をクリックします。
（特に設定する必要はありません）

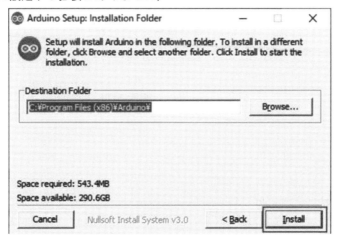

図1-5　[Install]をクリック

[4] インストールが終わったら、[Close] をクリックして終了です。

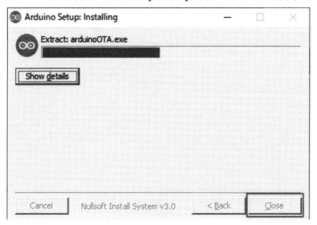

図1-6　[Close]をクリック

　USBドライバがインストールされていない場合には、インストールの途中に「USBドライバをインストールするか」を問われることがあります。
　「Arduinoボード」をUSBで接続して開発を行なうので、「USBドライバ」も迷わずインストールしましょう。

1-3 「Arduino IDE」を起動する

「Arduino IDE」を起動すると、初期画面に「空のスケッチ」が表示されます。

「setup()関数」内に各種機能の「初期化処理」を記述。
「loop()関数」には、処理内容を記述します。

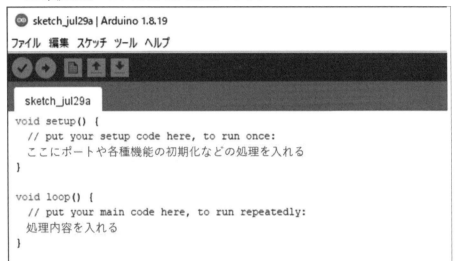

```
sketch_jul29a | Arduino 1.8.19
ファイル 編集 スケッチ ツール ヘルプ

sketch_jul29a
void setup() {
  // put your setup code here, to run once:
  ここにポートや各種機能の初期化などの処理を入れる
}

void loop() {
  // put your main code here, to run repeatedly:
  処理内容を入れる
}
```

図1-7 「初期スケッチ」の画面

　初期起動時には、「ボード」として「Arduino Uno」が選択されています。
　他のシリーズで開発する際には、「ボード」は対象のシリーズを選択しましょう。
　「ボード」の選択は、[ツール]内の[ボード]から[Arduino AVR]を選び、その中から選択します。

＊

　初心者でもライブラリの使い方が分かるように、「スケッチ例」が準備されています。

■「スケッチ例」を確認する

「スケッチ例」は、ファイル欄にある[スケッチ例]から選択可能です。

内蔵の「スケッチ例」から、[01.Basics]内の「**DigitalReadSerial**」を選択して、動作確認を行ないます。

リスト1-1　DigitalReadSerial

```
int pushButton = 2;

void setup() {

  Serial.begin(9600);
  pinMode(pushButton, INPUT);
}

void loop() {

  int buttonState = digitalRead(pushButton);
  Serial.println(buttonState);
  delay(1);
}
```

5行目の「Serial.Begin(9600)」で、「シリアル通信」のボーレートを「9600bps」に設定。

6行目の「pinMode(pushButton,INPUT)」で、「2ピン」を「INPUT」(入力ピン)に設定します。

11行目の「digitalRead(pushButton)」で「2ピン」の状態を読み込み、**12行目**の「Serial.println(buttonState)」で、読み込んだ「2ピン」の状態を、改行コード付きで「シリアルモニタ」に表示します。

＊

「スケッチ例」を見ながら、Arduino環境におけるコーディングの仕方を学習することが可能です。

また、「スケッチ例」から使えそうな「ソースコード」をコピーしながら、実際に動作させることで、効率良く学習できます。

■「シリアルモニタ」で確認する

「DigitalReadSerial」の「スケッチ例」と「SoftwareSerial」の「スケッチ例」を少し改造して、「シリアル通信」を「シリアルモニタ」で確認してみましょう。

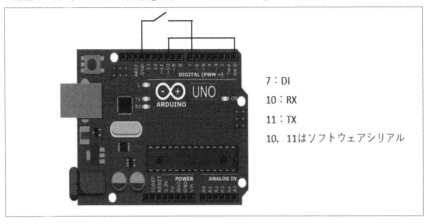

7：DI
10：RX
11：TX
10、11はソフトウェアシリアル

図1-8 「シリアル通信」の動作確認

「シリアルモニタ」の「送信ボタン」で、「UNO」の「RX」に受信データが転送されます。

そのデータを、「SoftwareSerial」の「RX (10：RX)」に送信します。

*

「7ピン」はプルアップされた入力ピン設定とし、ポートの状態が「LOW」になったときに、準備したデータを「シリアルモニタ上」に表示するようにしています。

> ※「シリアルモニタ」は文字列を表示するので、「バイナリ・データ」を送信すると、文字コードに置き換えたときに、「文字化け」したような表示になることがあります。

準備したデータは「バイナリ・データ」で、「0x30、0x31、0x32、0x33」としています(全体コードの「buf[]」の部分)。

これらの「バイナリ・データ」は、文字コードの「0123」に相当するものであるため、モニタ上で確認しやすくなります。

*

「シリアルモニタ」は、**(A)**「エディタの右上のマークをクリックする」か、**(B)**「[ツール]欄から[シリアルモニタ]を選択する」ことで表示できます。

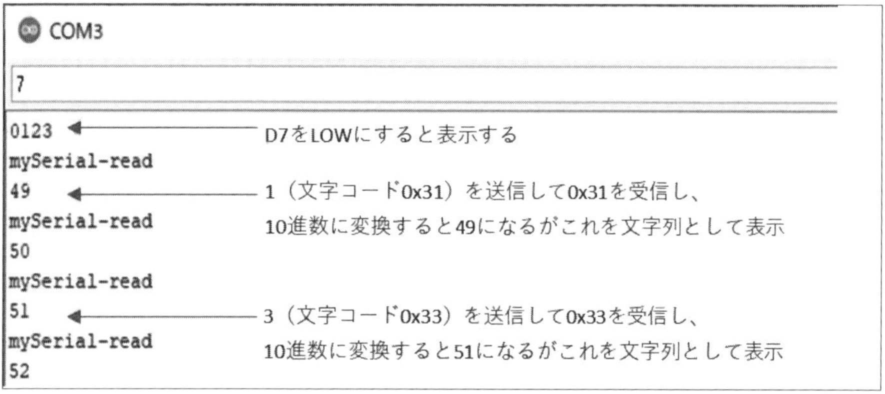

図1-9 「シリアルモニタ」の表示

「7ピン」を「LOW」にすると、モニタに「0123」が表示されます。

*

送信欄に「1」を入力して送信ボタンを押すと、「mySerial-read」と文字列の「1(49)」が表示。

「改行コード」を入れた場合は、「LF(10)」や「CR(14)」が表示されます。

※今回の動作確認では「改行なし」にしています。

今回は「ボーレート」を「115200bps」にしましたが、ソフトウェアによる「シリアル通信」であるため、「シリアル通信専用のポート」ではありません。

Column データの取りこぼし

「SoftwareSerial」を使う場合は、「ボーレート」を高くしすぎないように注意してください。

「ボーレート」が早くなるほど、データの取りこぼしが発生します。

経験上、「9600bps」もしくは「19200bps」程度がよさそうです。

上記の例では「115200bps」でも大丈夫でしたが、複数バイトになるとデータを取りこぼす現象が頻繁に発生しやすくなります。

＊

「Arduino UNO」は、「シリアル通信専用ポート」が１つしかないので、複数使いたい場合は「ボーレート」を高くしすぎない設定で「SoftwareSerial」を使うことになります。

1-4 ソースコード全体

以下の「ソースコード」はコンパイルして動作確認をしています。

※コメントなど細かな部分で間違っていたり、ライブラリの更新などにより動作しなくなったりする可能性はあります。

リスト1-2　全体ソースコード

```
#include <SoftwareSerial.h>

#define PIN_DI1 7

bool flg= false;
uint8_t buf[]={0x30,0x31,0x32,0x33};

SoftwareSerial mySerial(10, 11); // RX, TX

void setup() {

  Serial.begin(115200);
  mySerial.begin(115200);
  pinMode(PIN_DI1,INPUT_PULLUP);
}

void loop() {
```

```
 if( !digitalRead(PIN_DI1)){
   if(flg ){
     flg = false;

     for(uint8_t i = 0; i < sizeof(buf);i++ ){
       mySerial.write(buf[i]);
       Serial.write(buf[i]);
     }
     Serial.println();
   }
 }
 else{
   flg = true;
 }

 if(mySerial.available()){
   Serial.println("mySerial-read");
   Serial.println(mySerial.read());
 }

 if( Serial.available()){
   mySerial.write(Serial.read());
 }
}
```

第2章

「VSCode」を使った「Arduino」の ソフト開発環境作り

Arduinoのソフト開発には「Arduino IDE」を使いますが、「VSCode」の拡張機能でArduinoを追加すると、「VSCode」でArduinoのソフト開発ができます。

この章では「VSCode」に「Arduino機能」を追加する手順をまとめています。

2-1 「VSCode」の準備

「VSCode」のダウンロードやインストールの方法、「C/C++」のコンパイラである「MinGW」のインストール方法については下記の記事を参考にしてください。

VSCodeをインストールしてC/C++の開発環境を作る
https://smtengkapi.com/engineer-vscode

以下では、「VSCode」がインストールされていることを前提とします。

*

「MinGW」のインストールは「VSCode」上で、Arduino環境以外でコンパイルする場合に必要になることがありますが、拡張機能でArduino環境を追加する場合には、特に必要ありません。

■拡張機能でArduinoを追加する

Arduinoの開発環境に対応した拡張機能をインストールします。

> **手 順** 拡張機能でArduinoを追加

[1]「VSCode」を起動して横の「機能拡張欄」をクリックすると、拡張するための検索パネルが表示されます。

[2] 選択肢を絞るために検索欄に「Arduino」を入力。
「Arduino for Visual Studio Code」を追加インストールします。

図2-1 拡張機能でArduinoを追加インストールする

「参考例」ではインストール済みなので、インストールの表示はされていません。

インストールすると、「VSCode」でArduinoのソフト開発ができるようになります。

■新規ファイルを追加

後述する既存のArduinoファイルを置き換える方法をお勧めしますが、以下の方法で、「Arduino IDE」を使用せずに「開発環境」を作ることもできます。

> **手 順** 「Arduino IDE」を使用せずに開発環境を作る

[1] 新規ファイルを作る前に、作業用のフォルダ（今回の例では「testフォルダ」を作成）を準備しましょう。
「VSCode」をファイルの編集用に使うのみであれば、ファイルを開いて

作業してもよいのですが、コンパイルやAPIのリンクを使う場合は、フォルダを開く必要があります。

[2] 「VSCode」を起動し、ファイル欄から[新規ファイル]を選択してファイルを作成。

ファイルを作っただけでは、「Arduinoファイル」として認識しないため、[名前を付けて保存]を選択し、拡張子を「.txt」から「.ino」に変更して保存します。

※保存先は、あらかじめ準備していた「testフォルダ」の直下です。

例では「WorkSpace/Arduino/test」内に「test.ino」を保存しています。

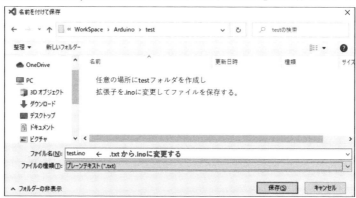

図2-2 「Arduinoファイル」として保存

[3] 「Arduinoファイル」として保存した後は、「VSCode」で[フォルダを開く]を選択して、ファイルを編集していきます。

[test.inoファイル]は、「testフォルダ」内にあるので、「VSCode」のファイル欄から「フォルダを開く」を選択し、「testフォルダ」をクリックして開きます。

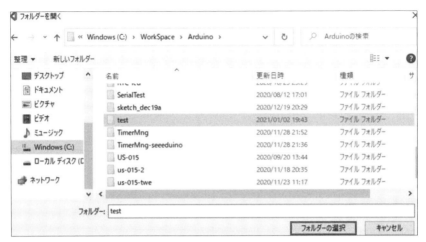

図2-3 「testフォルダ」を開く

[4] フォルダで開いた後は、「VSCode」のエディタの下の、「ステータスバー」欄を設定。

*

[<Select Board Type>]には「Arduino Uno」を選択し、[<Select Serial Port>]には「Arduino Uno」のポート番号として認識している「COM番号」を選択します。

[<Select Programmer>]は、特に指定しなくても問題ありません。

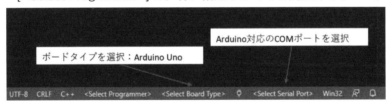

図2-4 「Arduino」の環境設定

「ボードタイプ」や「COMポート」を選択すると、「testフォルダ」内に「.vscodeフォルダ」が生成され、「arduino.jsonファイル」が作られます。

[5] 次に、「Arduinoライブラリ」や「コンパイル」のための設定ファイルを
追加。

　[Arduino: Verify]（「VSCode」の右上のリストのマーク）をクリックする
と「Verify」を行ない、「c_cpp_properties.jsonファイル」を作ります。
　「c_cpp_properties.jsonファイル」は、Arduinoファイルのインクルード
パスの設定やコンパイルに関する情報を設定しているファイルです。

[6] 「test.ino」内にコーディングしていきますが、新規でファイルを作っ
た場合は「Arduino IDE」のように「setup()」や「loop()」が準備されていない
ので、コーディングして関数内に処理を追加していきます。

```
void setup(){
    //初期化に関する処理を入れる
}

void loop(){
    //メインとして動作させる処理を入れる
}
```

　エディタ上に「ARDUINO EXAMPLES」があり、スケッチ例が参照でき
るため、コピーしながら流用するといいでしょう。

■既存のArduinoファイルを置き換える場合（お勧めの方法）

　「Arduino IDE」で作ったファイルを「VSCode」で編集したい場合も、対象の
Arduinoファイルが保管されているフォルダを開くことで、「VSCode」での編
集が可能となります。

> ※フォルダで開いた後の設定は、新規ファイルを作ったときの手順と同じです。

　「VSCode」のエディタの下の「ステータスバー欄」の設定をすることで、対象
のフォルダ内の「.vscodeフォルダ」に、「arduino.jsonファイル」が作成されます。
　「Verify」を行なうと、「c_cpp_properties.jsonファイル」が作成されます。

*

　「Arduino IDE」で任意のファイル名プロジェクトファイルを作成すると、ファ
イル名と同じフォルダが生成されるため、「VSCode」でフォルダを開いて、[Select
Board Type]を選択することで、開発環境が構築可能です。

2-2 「VSCode」での動作確認

Arduinoの動作確認用のソフトを開発します。

*

「VSCode」でソフト開発するメリットは、ライブラリを実装する際にコマンドのアシスト機能が実装されることです。

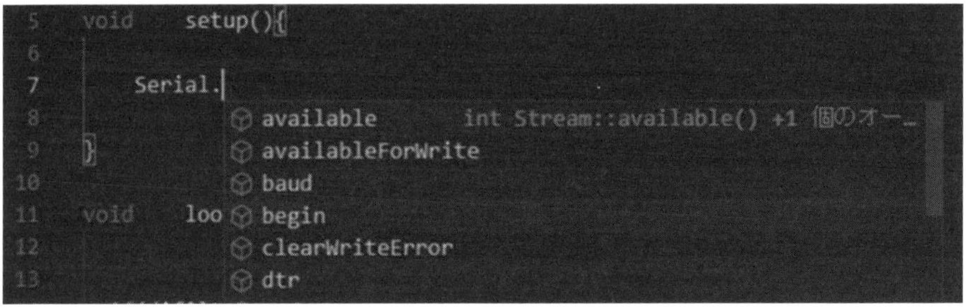

```
5    void     setup(){
6
7        Serial.
8               ⊕ available         int Stream::available() +1 個のオー...
9    }          ⊕ availableForWrite
10              ⊕ baud
11   void   loo ⊕ begin
12              ⊕ clearWriteError
13              ⊕ dtr
```

図2-5　ライブラリの実装アシスト機能

たとえば、「Serial.」と入力すると、「Serialライブラリ」の候補がリストとして表示されるため、効率良くソフト開発ができます。

「pin」と入力すると、「pinMode()」などが候補として表示されるため、ライブラリのメンバー関数を忘れてしまっても、アシストしてくれるのは良い点です。

■検証とマイコンボードへの書き込み

「Arduino IDE」の検証とマイコンボードに書き込む動作は、「VSCode」では「Arduino：Verity」と、「Arduino：Upload」と表現されています。

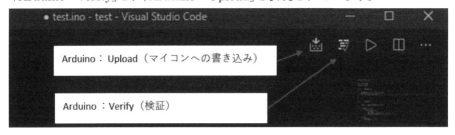

図2-6　マイコンへの書き込みと検証の説明

「VSCode」の画面右上に、「Upload」と「Verify」ができます。
「Verify」の横の三角マークは使いません。

「Verify」と「Upload」は、ソースコード上にエラーがある場合は、エラーの通知をします。

■「シリアルモニタ」での確認

「シリアルモニタ」で動作確認するために「SW」を押すと、モニタ上に「di1-ok」を表示します。

「VSCode」の「シリアルモニタ」を使う場合は、下側の[ボード選択ツール]の横の電源プラグのようなマークを選択して、「ボーレート」を選択する必要があります。

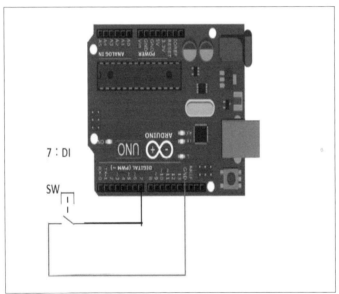

図2-7 「VSCode」でアップロードした場合の動作確認の回路図

COMポートを間違えていると表示されないので、注意してください。

図2-8 「シリアルモニタ」での確認

「SW」を押したとき、「VSCode」上での「シリアルモニタ」の表示に「di1-ok」
が表示されているので、「シリアルモニタ」を使った動作確認環境が再現できて
います。

＊

「VSCode」の「シリアルモニタ」は反応が遅く、表示が遅れることがあるので、
「シリアルモニタ」で動作確認する場合は、「Arduino IDE」を使うことをお勧め
します。

筆者は、コーディングは「VSCode」で行ない、動作確認を「Arduino IDE」で
行なうなど、使い分けることが多いです。

2-3　　ソースコード全体

以下の「ソースコード」はコンパイルして動作確認をしています。

> ※コメントなど細かな部分で間違っていたり、ライブラリの更新などによって
> 動作しなくなったりする可能性はあります。

リスト　全体ソースコード

```
#define PIN_DI 7

bool btnflg1;
uint8_t btn1;

void  setup(){

  pinMode(PIN_DI,INPUT_PULLUP);
  Serial.begin(115200);
}

void  loop(){

  btn1 = digitalRead(PIN_DI);
  if(btn1 == 0){
    if(btnflg1){
      btnflg1 = false;
      Serial.println("di1--ok");
    }
  }else{
    btnflg1 = true;
  }
}
```

第3章

「LCD」に文字を表示する方法

本章では、「LCD」に文字を表示する方法と、ボタンで表示を切り替える方法についてまとめています。

3-1 使用するライブラリ

「Arduino環境」では「LCD」に文字を表示するために「標準ライブラリ」として、「LiquidCrystal」があります。

「外部機器から取得したデータの情報をLCDに表示」したり、「ボタンで表示を切り替えてモードを選択」したりと、用途はさまざまです。

図3-1 「LiquidCrystal」でLCDに文字を表示する

*

ボタンのチャタリング防止の方法を下記の記事にまとめています。

Arduinoのタイマ管理とDIのチャタリング防止の方法
https://smtengkapi.com/arduino-timermng-difilter

3-2 | 「Arduino」で「LCD表示」を行なう

Arduino環境で標準搭載されている「LiquidCrystalライブラリ」を使う際の、配線例とライブラリの使い方を説明します。

■「Arduino」と「LCD」の配線

「Arduino」と「LCD」の配線例を示しています。

*

最小の組み合わせでは、「制御線2本」と「データ用の4本」をつなぐことで、「LCD表示」ができます。

4ビットのデータを「ライブラリ」で判断して、一文字に変換して表示する仕組みです。

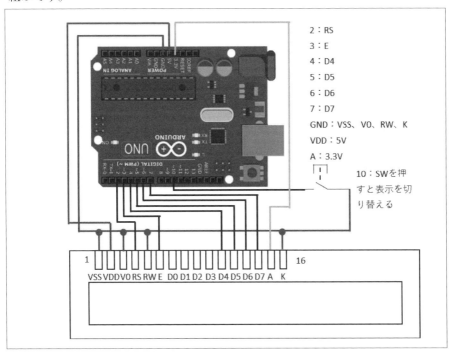

図3-2 「Arduino」と「LCD」の配線

配線例は以下の通りです。

表3-1 「LCD」の配線の組み合わせ

配線の本数	信号名
最小の組み合わせ(6本)	RS, E, D4, D5, D6, D7
制御線を追加(7本)	RS, RW, E, D4, D5, D6, D7
データ8ビット(10本)	RS, E, D0, D1, D2, D3, D4, D5, D6, D7
最大の組み合わせ(11本)	RS, RW, E, D0, D1, D2, D3, D4, D5, D6, D7

どの配線でも同じように動作するため、使えるピンが少ない「Arduino」では、「ピンが最小になる組み合わせ」がよさそうです。

*

「V0」は、可変抵抗で分圧して入力することでコントラストを変更できます。

しかし、電圧が高いほうで表示が薄くなり、表示が見にくくなるため、「GND接続」としています。

LED照明をつけたほうが見やすいので、「3.3V」でLEDを点灯しています。

*

ボタンは、LCDの表示を切り替えるために使います。

■ライブラリの使い方

「LiquidCrystal.h」をインクルードするほかに、「LiquidCrystal クラス」の型の変数を宣言する必要があります。

```
#include <LiquidCrystal.h>

#define LCD_RS 2
#define LCD_EN 3
#define LCD_D4 4
#define LCD_D5 5
#define LCD_D6 6
#define LCD_D7 7

LiquidCrystal lcd(LCD_RS, LCD_EN, LCD_D4,LCD_D5, LCD_D6,
LCD_D7);
```

「LiquidCrystal」の型で「lcd()」のインスタンス(実体)を宣言しますが、実際に配線するポートを順番に指定していきます。

「ポート数」は、「LCDの配線の組み合わせで示した数」になります。
上の例は、6本使う場合の例です。

```
void setup() {

    lcd.begin(16,2); //16×2を表示領域
    lcd.print("LCD-TEST");
    lcd.setCursor(0, 1); //2段目の左端にカーソル
    lcd.print("Ver1.00          ");
    delay(2000); //初期表示を2秒間行なう
    lcd.clear(); //初期表示をクリア
}
```

「begin()関数」で、「初期化」と「表示する領域の設定」を行ないます。

第1引数に、表示する行の数を指定。
第2引数に、列の数を指定。

例では、「begin(16,2)」を指定しているので、16×2の領域になります。

*

カーソル位置は、初期状態では左上(0,0)になるので、「lcd.print("LCD-TEST")」によって1段目に文字が表示されます。

*

「SetCursor()関数」でカーソル位置を変更します。

引数に、移動するカーソルの位置を指定します。
第1引数は、行番号を指定。
第2引数は、列番号を指定。

例では2段目の左端を指定しています。

カーソルの移動後、「print()関数」で指定した文字列が2段目に表示されます。
例では「Ver1.00」が表示されるように指定しています。

2秒間表示した状態で待機させるため、「delay()関数」で待機し、「clear()関数」で表示を消しています。

■よく使う「メンバー関数」

「LCDライブラリ」に搭載されている「メンバー関数」で、筆者がよく使うものについてまとめました。

表3-2 「LCDライブラリ」のコマンド

関 数	使い方
begin()	LCDの表示領域を設定する。 lcd.begin(cols, rows) 「cols」は表示列、「rows」は表示行数を指定する。
clear()	LCD表示をクリアしてカーソルを1段目の左端にセットする。 lcd.clear()
setCursor()	LCDのカーソルの位置を設定する。 列は0〜15、行は2行表示のLCDであれば0〜1で指定する。 lcd.setCursor(col, row)
write()	「バイナリデータ」を文字として表示する。 　1バイトを超えると、下位の1バイトが表示される。 lcd.write(data) data：バイトデータ
print()	データを型に応じて表示し、デフォルトでは10進数で表示される。 lcd.print(data)：文字列はそのまま文字列。 lcd.print(data, DEC)：「DEC」を「HEX」にすると16進数、「OCT」は8進数、 「BIN」は2進数となる。 「sprintf()」で文字変換してprint(data)で表示する方法もよく使う。
cursor() noCursor()	次に表示するカーソルの位置を示す。 lcd.cursor()：消すときは lcd.noCursor()
blink() noBlink()	カーソルを点滅表示す。 lcd.blink()：点滅を停止するときは「lcd.noBlink()」

*

本章では、「begin()関数」でLCD表示を16×2表示で指定し、文字の表示に「print()関数」を使っています。

*

1段目の文字を表示したあとで、「setCursor()関数」でカーソルを切り替えて2段目の文字の表示を行なっています。

> ※「clear()関数」は、LCDの文字全体を更新する際に、全体の文字をクリアする場合に使っています。

■ボタンで表示を切り替える

LCDは、「print()関数」や「write()関数」を使うことで、アスキーコードに対応した文字を表示できます。

ただ、「clear()関数」で全体をクリアしない場合は文字が残ったままになるため、上書きして表示する場合は工夫が必要です。

たとえば、「ABCDE」と表示したあとに、カーソルを「A」の部分にセットして「WXYZ」と書き込んで表示すると、「WXYZE」になってしまいます。

■文字列を切り替える

1段目に表示する文字列を「配列の定数」で宣言してボタンを押すと、文字列を切り替えて表示できます。

```
const char disptbl[MD_MAX][COL_SZ]={
  "mode1-->cnt DEC",
  "mode2-->cnt HEX",
};
```

例では、「disptbl[2][16]」の配列に文字列を定数として指定しています。

「print()関数」で「disptbl[0][0]」のアドレスを指定すると、"mode1->cnt DEC"の文字列が対象になり、「distbl[1][0]」のアドレスを指定すると"mode2->cnt HEX"が対象になります。

＊

ボタンを押したときに表示切り替えを行ないますが、表示切り替えの判断は「dispmd変数のカウント数」で行ないます。

ボタンを押すとチャタリングが発生するため、フィルタによってチャタリングを防止したDI情報を使って判断します。

```
if(difilt.di1 == 0){
  if(btnflg1){
    btnflg1 = false;

    if(++dispmd >= MD_MAX ){ //ボタンを押すとモードを変更する
      dispmd = MD_NO1;
```

```
      }
    }
  }
  else{
    btnflg1 = true;
  }
```

　例では、「DI1（10ピン）」がLOWになったと判断したときにカウント数を更新しています。

　「btnflg1」はボタンを押したときに一度だけ処理をするために実装しています。
　ボタンを押したままにすると、「btnflg1」が「false」になっているため、カウント数の更新が処理されません。

　ボタンを離すと「btnflg1」が「true」になるため、次にボタンを押したときにカウント数の更新が処理されます。

■LCD表示を行なう

```
void DispSet(){

  lcd.clear();
  lcd.setCursor(0, 0); //1段目の左端にカーソル
  lcd.print(disptbl[dispmd]); //1段目の文字列

  switch( dispmd ){
    case MODE_NO::MD_NO1:
      sprintf(strbuf,"%04d",cnt); //文字を変換4桁の10進数
      lcd.setCursor(0, 1); //2段目の左端にカーソル
      lcd.print(strbuf); //2段目の文字列を表示させる
      break;
    case MODE_NO::MD_NO2:
      sprintf(strbuf,"%04x",cnt); //文字を変換4桁の16進数
      lcd.setCursor(0, 1); //2段目の左端にカーソル
      lcd.print(strbuf); //2段目の文字列を表示される
      break;
  }
```

```
    ⤸
    }
    //10ms毎にカウントアップ(他の個所でカウント)
    cnt = ( cnt +1 ) %10000; //4桁以上にならないようにする
```

「DispSet()関数」はLCD表示を行なうため、実装しています。

*

1段目の表示は「disptbl[]」の文字列を表示します。

2段目の表示は10msごとにカウントしている「cnt変数」の値を「sprintf()」で文字変換して表示。

「MD_NO1」では10進数で「cnt値」を表示し、「MD_NO2」では16進数で「cnt値」を表示するようにしています。

*

「cnt」の計算は、4桁以上にならないように**10,000で割った余り(% 演算)を
カウント値とする**ようにしています。

*

関数の最初に、「lcd.clear()関数」でLCDの表示をクリアするようにしています。

関数をコールする間隔が短い場合は、LCDを正面から見ると違和感はありませんが、角度をつけて見ると"チカチカ"しているように見えることがあります。

*

「Loop関数」が一周するごとに「DispSet()」をコールして表示をしていると、途中で動作がフリーズする現象が出ました。
(5分に一度程度でフリーズ時間が30秒くらい。WDTではなくフリーズ後はカウント値がフリーズ時からスタートする)

頻繁に表示を切り替える処理を行なうと、何かしらの処理が渋滞してしまう可能性があります。

LCDの表示間隔を、可能な限り短くならないように工夫するとよいかもしれません。

今回は「100ms」ごとに更新するようにしましたが、フリーズする現象は出な

くなっています。

＊

また、ライブラリのバグかもしれませんが、たまに「**文字化け**」**が発生**します
が、リセットを繰り返すと復帰します。

おそらく4ビットデータを1バイトデータとして扱う処理で、ビットがこぼ
れたりしているのかもしれません。

3-3　動作確認

電源を入れると最初に「LCD-TEST」とバージョン「Ver1.00」を表示しています。

＊

左側は「文字化け」した場合の表示です。

「文字化け」した場合は、リセットする以外に復帰する方法がありませんでした。

正常に表示できる場合は、初期画面として右の画面が2秒間表示されます。

文字化けした場合

初期画面（2秒表示）

図3-3　動作確認(左：文字化け　右：初期画面)

＊

初期表示が終わると、「モード1」の表示としてカウント値「0〜9999」までが、
10進数で表示されます。

ボタンを押すと、「モード2」としてカウント値を16進数に変換した値が表示。
もう一度ボタンを押すと「モード1」に戻り、これを繰り返します。

モード1の表示10進数

モード2の表示16進数

図3-4　動作確認(左：10進数　右：16進数)

3-4 | ソースコード全体

以下の「ソースコード」はコンパイルして動作確認をしています。

> ※コメントなど細かな部分で間違っていたり、ライブラリの更新などにより動作しなくなったりする可能性はあります。

リスト　全体ソースコード

```
#include <LiquidCrystal.h>

#define LCD_RS 2
#define LCD_EN 3
#define LCD_D4 4
#define LCD_D5 5
#define LCD_D6 6
#define LCD_D7 7

#define TIME_UP 0
#define TIME_OFF -1
#define BASE_CNT 10 //10ms がベースタイマとなる
#define LCD_TIM_MAX 10
#define DI_FILT_MAX 4
#define FILT_MIN 1
#define PIN_DI1 10
#define COL_SZ 16

enum MODE_NO{
  MD_NO1 = 0,
  MD_NO2,
  MD_MAX
};

struct DIFILT_TYP{
  uint8_t wp;
  uint8_t buf[DI_FILT_MAX];
  uint8_t di1;
};

const char disptbl[MD_MAX][COL_SZ]={
  "mode1-->cnt DEC",
  "mode2-->cnt HEX",
```

```
};

// application use
LiquidCrystal lcd(LCD_RS, LCD_EN, LCD_D4,LCD_D5, LCD_D6,
LCD_D7);
uint32_t beforetimCnt = millis();
uint16_t cnt;
int16_t timdifilt = TIME_OFF;
int8_t timlcd = TIME_OFF;
uint8_t dispmd;
bool btnflg1;
DIFILT_TYP difilt;
char strbuf[COL_SZ];

/*** Local function prototypes */
void mainTimer(void);
void DiFilter(void);
void DispSet(void);

void setup() {

  pinMode( PIN_DI1, INPUT_PULLUP );
  Serial.begin(115200);

  lcd.begin(16,2); //16×2を表示領域
  lcd.print("LCD-TEST");
  lcd.setCursor(0, 1); //2段目の左端にカーソル
  lcd.print("Ver1.00          ");
  delay(2000); //初期表示を2秒間行なう

  timdifilt = FILT_MIN;
  for( uint8_t i=0; i < 10; i++ ){
    mainTimer();
    DiFilter();
    delay(10);
  }
  cnt = 0; //カウントが進んでいるので0でクリア
  lcd.clear(); //初期表示をクリア
  timlcd = LCD_TIM_MAX;
}
```

```
void loop() {

  mainTimer();
  DiFilter();

  if(difilt.di1 == 0){
    if(btnflg1){
      btnflg1 = false;

      if(++dispmd >= MD_MAX ){ //ボタンを押すとモードを変更する
        dispmd = MD_NO1;
      }
    }
  }
  else{
    btnflg1 = true;
  }

  if( timlcd == TIME_UP ){
    timlcd = LCD_TIM_MAX;
    DispSet(); //LCD表示部分をセット
  }
}
/* Timer Management function add */
void mainTimer(void){

  if ( millis() - beforetimCnt >= BASE_CNT ){
    //10msごとにここに遷移する
    beforetimCnt = millis();

    if( timdifilt > TIME_UP ){
      timdifilt--;
    }

    if( timlcd > TIME_UP ){
      timlcd--;
    }

    cnt = ( cnt +1 ) %10000; //4桁以上にならないようにする
  }
}
```

```
/* DiFilter function add */
void DiFilter(void){

  if( timdifilt == TIME_UP ){
    difilt.buf[difilt.wp] = digitalRead(PIN_DI1);

    if( difilt.buf[0] == difilt.buf[1] &&
        difilt.buf[1] == difilt.buf[2] &&
        difilt.buf[2] == difilt.buf[3] ){ //4回一致を確認
        difilt.di1 = difilt.buf[0];
    }

    if( ++difilt.wp >= DI_FILT_MAX ){
      difilt.wp = 0;
    }

    timdifilt = FILT_MIN;
  }
}
/* DispSet function add */
void DispSet(void){

  lcd.clear();
  lcd.setCursor(0, 0); //1段目の左端にカーソル
  lcd.print(disptbl[dispmd]); //1段目の文字列

  switch( dispmd ){
  case MODE_NO::MD_NO1:
    sprintf(strbuf,"%04d",cnt); //文字を変換4桁の10進数
    lcd.setCursor(0, 1); //2段目の左端にカーソル
    lcd.print(strbuf); //2段目の文字列を表示させる
    break;
  case MODE_NO::MD_NO2:
    sprintf(strbuf,"%04x",cnt); //文字を変換4桁の16進数
    lcd.setCursor(0, 1); //2段目の左端にカーソル
    lcd.print(strbuf); //2段目の文字列を表示される
    break;
  }
}
```

第4章

「SDカード」にデータを保存

> Arduino環境では、「SDカード」を使うための標準ライブ
> ラリが実装されているので、簡単に「SDカード」にアクセス
> してデータの読み書きができます。

4-1 使用する拡張基板について

「Arduino UNO」の拡張基板である「SD CARD SHIELD」を使って「SDカード」
を操作しました。

「SD CARD SHIELD」は、図4-1のように「Arduino UNO」に差し込むだけ
で使うことができます。

図4-1 「SD CARD SHIELD」で「SDカード」を操作する

4-2 「SDカードライブラリ」を使用する

Arduinoでは標準ライブラリで「SDカード」を操作できます。

「SDカードライブラリ」のインクルードから、「初期化」および「関数の使用方法」を説明します。

■ライブラリの準備と初期化

```
#include <SPI.h>
#include <SD.h>
#define SD_CS 4

File myfile; //SDカードの状態を格納する変数

void setup() {

  if(!SD.begin(SD_CS)){
    Serial.println("initialization failed!");
    while (1);
  }
}
```

「SDカード」へのアクセスは「SPI通信」を使うため、「SD.h」と「SPI.h」の2つのライブラリのインクルードが必要です。

*

「SDカード」へのスレーブ選択のため、「DO」を指定する必要があります。

*

「SDカード」の状態を管理するため、「File型」のクラス変数を宣言。

例では「myfile」を宣言しています。

「myfile」を使って「SDカード」のアクセスに関する情報などの管理を行ないます。

*

「SDカードライブラリ」の「begin()関数」を使って、「SDカード」に関する情報を初期化します。

引数には、「SDカード」を選択するための「スレーブセレクト」(SS) の「ピン番号」を指定します。

*

「SDカード」が挿入されていない場合など、失敗したときは戻り値が「false」になるので、失敗したときの処理を入れましょう。

例では、「while(1)」として処理が進まないようにしています。

■「SDカード」からデータを読み出し

```
String filepath = "/sample.txt"; //SDカード内に保存するファイル
名

if (SD.exists(filepath)) { //ファイルが存在するか
   Serial.println("sample.txt exists.");
   myfile = SD.open(filepath,FILE_READ); //ファイルを開く

   if(myfile){ //ファイルが開けた場合
     while(myfile.available()){
       str ="";
       str = myfile.readStringUntil('\n'); //読み込み
     }
     myfile.close(); //ファイルを閉じる
   }
} else {
   Serial.println("sample.txt doesn't exist.");
}
```

「SDカード」からデータを読み出す場合に、ファイルが存在しているかを「exists()関数」で確認します。

引数には開くファイル名を含めたパスを指定します。

*

ファイルが存在するかを確認せずに「open()関数」で読み込みを行なっても読み込み失敗になるため、「exists()」で確認してからファイルを開くかは好みです。

*

ファイルが存在する場合は、「open()関数」でファイルを読み込み専用で開きます。

第1引数にはファイルのパスを指定し、第2引数に読み込みを示す「FILE_READ」を指定。

　ファイルをopenした結果を反映するため、「myfile」(File型のクラスのインスタンス)に「戻り値」を格納します。

　以降のファイルの読み込みは「myfile」を使って行ないます。

　「Fileオブジェクト」の「**available()関数**」を使って、読み込むデータが存在するかを確認。

　データが存在する場合は「0」より大きな値になるため、「**Read()関数**」を使ってデータを読み込みます。
　例では「ReadStringUntil()関数」を使って、「改行コード」が見つかるまでデータを読み込んでいます。

> ※「SDカード」に保存するデータの区切りを「改行コード」として指定するように
> あらかじめルールを決めておくことで、効率のいいデータの読み込みが可能です。

＊

　データを読み込んだ後は、ファイルを閉じるため「close()関数」を使います。

■「SDカード」にデータを書き込む

```
myfile = SD.open(filepath,FILE_WRITE);

if( myfile ){ //ファイルが開けたら書き込む
  myfile.print("push btn:");
  myfile.println(sampcnt);
  myfile.close(); //ファイルを閉じる
}
```

　「open()関数」で、ファイルを「書き込みモード」で開きます。
　第1引数にはファイルのパスを指定し、**第2引数**に書き込みを示す「**FILE_WRITE**」を指定。

　ファイルをopenした結果を反映するため、「myfile」(File型のクラスのインスタンス)に「戻り値」を格納します。

　以降のファイルの書き込みは、「myfile」を使って行ないます。

*

ファイルが開けたら、「print()関数」を使ってデータを書き込みます。

「write()関数」を使ってもデータの書き込みはできますが、テキストデータの文字列として書き込む場合は「print()関数」のほうが管理がしやすいです。
　例では「push btn:」の文字列と、「ボタンを押した回数」をSDカードに書き込んでいます。

*

データの書き込みの区切りとして「改行コード」を入れるため、「println()関数」で「改行コード」を入れて書き込み。

*

データを書き込んだ後は、ファイルを閉じるため「close()関数」を使います。

■「SDカード」操作に使う関数

「SDカード」の操作に頻繁に使う関数をまとめました。

表4-1　「SDカードライブラリ」でよく使う関数

関　数	説　明
Read() Read(引数1,引数2)	「SDカード」のデータを読み込む。 1バイトずつ読み込む場合は「Read()」を使用。 複数バイトをまとめて読み込む場合は「Read(引数1,引数2)」を使用。 引数1は読み込んだデータを格納する配列などのアドレス、引数2は読み出すデータ数を指定。
ReadStringUntil(引数)	引数に指定した文字を確認するまで文字列として読み込む。 「改行コード」を区切りにする場合は '\n' を指定。
remove(引数)	引数で指定したファイルを削除。
mkdir(引数) rmdir(引数)	「mkdir()」は引数に指定した「SDカード」のパスに、ディレクトリを生成。 「rmdir()」は、指定したディレクトリを削除。 ただしファイルなどがある場合は削除不可となる。
write(引数) write(引数1,引数2)	1バイトずつ書き込む場合は、「write()」を使う。 引数に書き込むデータを指定。 複数バイトを一気に書き込む場合は、「write(引数1,引数2)」を使用。 引数1は書き込む値を格納している配列などのアドレス、引数2は書き込むサイズを指定する。
print(引数) println(引数)	引数に文字列を格納している配列などのアドレスを指定する。 直接文字列を入力することも可能。 「println()関数」を使うと、文字列の最後尾に改行コードが挿入される。

＊

テキストデータで保存すると、文字列でデータが保存されるため確認がしやすくなります。

＊

「print()関数」はテキストデータの文字列として保存できるため、使用頻度が多いです。

また、テキストデータではデータの区切りを判断するため「改行コード」を使うことが多いので、「ReadStringUntil()関数」を使う頻度が多くなる印象です。

4-3 動作確認

「**SD CARD SHILD**」をArduino UNOに挿入して動作確認します。

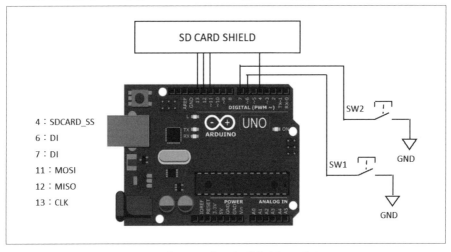

図4-2 「SDライブラリ」の動作確認の回路図

「SW1」と「SW2」は「SD CARD SHILD」側の6、7番に配線していますが、「SD CARD SHILD」はUNOのピンを延長しているだけなので配線上は同じです。

＊

「SW1」を押すと「SDカード」にボタンを押した回数を保存するようにしています。

「SW2」は5秒間長押しすると「SDカード」に保存したファイルを削除します。

＊

「SW1」でデータを保存しておき、次の電源ONで「SDカード」に保存したデータを読み込んでシリアルモニタに表示して動作確認。

動作確認後、「SW2」を長押ししてファイルを削除し、データが削除できているかの確認を行ないます。

図4-3　「SDカード」内のデータの確認
上部：「sample.txt」を確認　下部：ファイルの中身

「SW1」を押すと「sample.txt」が生成されていることが確認できました。

＊

ファイルの中身を確認すると「push btn:」の文字列と「押した回数」が保存できていることが確認できました。

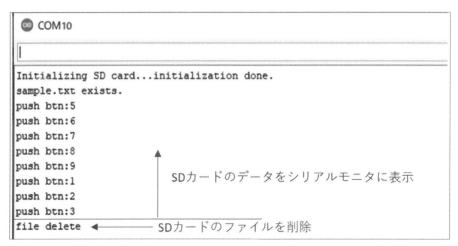

図4-4 「シリアルモニタ」での確認

*

「Arduino IDE」で「シリアルモニタ」を起動すると、リセットされて初期化を行ないますが、「SDカード」内に「sample.txt」が存在する場合は、データを読み込んで「シリアルモニタ」に表示します。

*

「シリアルモニタ」に「SDカード」内に保存したデータが読み込まれていることが確認できました。

また、「SW2」を長押しすると、「SDカード」内の「sample.txt」が削除されているのも、確認できました。

4-4　ソースコード全体

以下の「ソースコード」はコンパイルして動作確認をしています。

※コメントなど細かな部分で間違っていたり、ライブラリの更新などにより動作しなくなったりする可能性はあります。

リスト　全体ソースコード

```c
#include <SPI.h>
#include <SD.h>

#define SD_CS 4
#define PIN_DI1 6
#define PIN_DI2 7

#define TIME_UP 0
#define TIME_OFF -1
#define BASE_CNT 10 //10msがベースタイマとなる
#define DIFILT_MAX 4
#define TIM_DIFILT 1
#define TIM_REMOVE 500

typedef struct DIFILT{
  uint8_t wp;
  uint8_t buf[DIFILT_MAX];
  uint8_t di;
};

String filepath = "/sample.txt";
uint32_t beforetimCnt = millis();
int16_t timSdWait = TIME_OFF;
int16_t timDifilter = TIME_OFF;
int8_t cnt10ms;
DIFILT diData[2];
bool flg;
uint32_t sampcnt;
File myfile;
String str;

/* Local function prototypes */
void mainTimer(void);
```

```
void DiFilter(void);

void setup() {
  uint8_t i;

  pinMode(PIN_DI1,INPUT_PULLUP);
  pinMode(PIN_DI2,INPUT_PULLUP);

  Serial.begin(115200);
  Serial.print("Initializing SD card...");

  if(!SD.begin(SD_CS)){
    Serial.println("initialization failed!");
    while (1);
  }

  Serial.println("initialization done.");

  if (SD.exists(filepath)) {
    Serial.println("sample.txt exists.");
    myfile = SD.open(filepath,FILE_READ);

    if(myfile){
      while(myfile.available()){
        str ="";
        str = myfile.readStringUntil('\n');
        Serial.println(str);
      }
      myfile.close(); //ファイルを閉じる
    }
  } else {
    Serial.println("sample.txt doesn't exist.");
  }

  timDifilter = TIM_DIFILT;
  i=0;
  while( i < 10){
    mainTimer();
    DiFilter();
    delay(10);
    i++;
  }
```

```
}

void loop() {

  mainTimer();
  DiFilter();

  if( diData[0].di == 0 ){
    if( flg == false ){
      flg = true;
      ++sampcnt;
      myfile = SD.open(filepath,FILE_WRITE);

      if( myfile ){ //ファイルが開けたら書き込む
        myfile.print("push btn:");
        myfile.println(sampcnt);
        myfile.close(); //ファイルを閉じる
        Serial.print("push btn:");
        Serial.println(sampcnt);
      }
    }
  }
  else{
    flg = false;
  }

  if( diData[1].di == 0){
    if( timSdWait == TIME_OFF){
      timSdWait = TIM_REMOVE;
    }
  }
  else{
    timSdWait = TIME_OFF;
  }

  if( timSdWait == TIME_UP ){
    timSdWait = TIME_OFF;
    SD.remove(filepath); //ファイルを削除
    Serial.println("file delete");
  }
}
```

```
/* タイマ管理 */
void mainTimer(void){

  if( millis() - beforetimCnt >= BASE_CNT){
    beforetimCnt = millis();

    if( timSdWait > TIME_UP ){
      timSdWait--;
    }
    if( timDifilter > TIME_UP ){
      --timDifilter;
    }
  }
}
/* DIフィルタ */
void DiFilter(void){
  bool boo = true;
  uint8_t i;

  if( timDifilter == TIME_UP ){
    timDifilter = TIM_DIFILT;

    diData[0].buf[diData[0].wp] = digitalRead(PIN_DI1);
    diData[1].buf[diData[1].wp] = digitalRead(PIN_DI2);

    for(uint8_t no=0; no < 2; no++){
      for( i=1; i < sizeof(diData[no].buf);i++){
        if( diData[no].buf[i - 1] != diData[no].buf[i]){
          boo = false;
        }
      }

      if(boo){ //データがすべて一致なので採用する
        diData[no].di = diData[no].buf[0];
      }
      if( ++diData[no].wp >= sizeof(diData[no].buf)){
        diData[no].wp = 0;
      }
    }
  }
}
```

「サーボモータ」を操作する

本章では、「標準ライブラリ」を使って「サーボモータ」を回
転させる方法をまとめています。
「サーボモータ」はArduinoのスターターキット付属の
「SG90」を使っています。

5-1　　　　　　「サーボモータ」について

Arduino環境では、「標準ライブラリ」で「サーボモータ」を操作できます。

　「サーボモータ」は、「ラジコンカーのステアリング」や「ロボットによる弁の
開閉部」など、さまざまな用途で使用されており、「0～180度」の範囲で動作す
るものが多くあります。

図5-1　「標準ライブラリ」で「サーボモータ」を操作する

5-2 「標準ライブラリ」で「サーボモータ」を操作する

「サーボモータ」は、「パルス波形」を与えてモータを動作させるものです。

＊

「SG90」のデータシートによると、「PWM周期」(キャリア周波数) が「50Hz」
の波形で、「デューティーサイクル」(Duty Cycle) が「0.5〜2.4ms」になるよう
に調整することで、回転する角度が決まります。

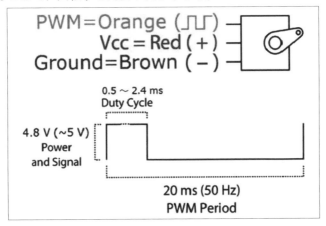

図5-2 「SG90」の仕様説明(引用元:「SG90」のデータシート　SG90の仕様説明)

データシートには「Operating speed」(動作速度) が「0.12s/60 degree」と記載
されています。

60度回転させる場合は、「キャリア周波数」が「20ms」で「デューティーサイ
クル」が「1.13ms」のパルス波形を、「120ms」経過するまで出力する必要があり
ます。

＊

「Servoライブラリ」は、タイマを使って指定の角度になるようにパルスを調
整する仕様になっています。

＊

以下では「標準ライブラリ」を使って「サーボモータ」の操作を行なう手順を説
明します。

■「デューティーサイクル」の考え方

「Servo ライブラリ」は、タイマを使って「PWM (Pulse Width Modulation)」を生成します。

キャリア周波数が「20ms」(50Hz)になるようにタイマを管理しますが、指定のタイマカウントより小さい場合は「HIGH」を出力し、指定のタイマカウント以上になると「LOW」を出力することで「パルス波形」を生成します。

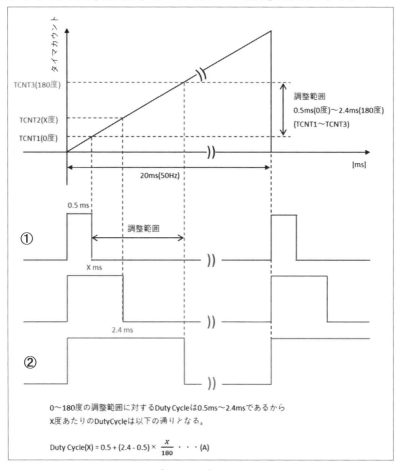

図5-3 「Servo」の「PWM」の説明図

　デューティーサイクルが「0.5ms」時のタイマカウントを「TCNT1」(0度)とし、デューティーサイクルが最大となる「2.4ms」時のタイマカウントを「TCNT3」(180度)とします。

　「0度」を指定するとタイマカウントが「TCNT1」で、「DO出力」を反転させるため①のパルスが生成。
　「180度」を指定すると「TCNT1」よりも大きなタイマカウントで「DO出力」を反転させるので、②のパルスのようにデューティーサイクルが長くなります。

＊

　任意の「TCNT2」(X度)のデューティーサイクルを考えます。
　「0度」を基準にすると、180度まで回転させる場合のデューティーサイクルの増加分は「2.4-0.5=1.9ms」。
　1度あたりのデューティーサイクルの増加分は「1.9ms/180=0.0105ms」となり、X度回転させる場合のデューティーサイクルの増加分は「0.0105X」になります。

　求めるデューティーサイクルは、「0度」時のデューティーサイクルに増加分を加えたものになるため「0.5+0.0105X」です。

例) 60度を指定した場合

　デューティーサイクルの増加分は「0.0105×60=0.63ms」です。
　「0度」時のデューティーサイクルに増加分を加えると、「0.5+0.63=1.13ms」がデューティーサイクルになります。

＊

　後述のライブラリの使用例で紹介している「write()関数」を使うと、回転角を「0〜180度」で指定できるため、デューティーサイクルは特に意識しなくても問題ありません。

■ライブラリの準備と初期化

```
#include <Servo.h>

Servo sg90; //Servoクラスの型の変数を宣言

void setup() {
  sg90.attach(SERVO_PIN,500,2400); //サーボモータの初期化
}
```

ライブラリを使うため「Servo.h」をインクルードします。

*

「サーボモータ」専用のクラスの型の変数として「sg90」(任意の宣言名でOK)を宣言してインスタンスを作成。

*

「attach()関数」で「サーボモータ」を初期化します。
・第1引数に「サーボモータ」を操作する「DO出力ピン」を指定。
・第2引数に「サーボモータ」の操作の最小値(usの値)を指定。
・第3引数に「サーボモータ」の操作の最大値(usの値)を指定。

第2引数と**第3引数**を指定しない場合は、それぞれ最小値が「544」、最大値が「2400」となります。

「sg90」のデータシートでは、「デューティーサイクル」が「0.5 m s〜2.4ms」となっているので、例では**第2引数**に「500」、**第3引数**に「2400」を指定しています。

■ライブラリの使用例

```
#define WAIT_TIM 30 //300msウェイト

void loop() {

  switch (move){
  case 0: //角度指定
  //sg90.writeMicroseconds(1440);
    sg90.write(90);
    timcount = WAIT_TIM;
```

```
    ++move;
    break;
  case 1: //動作完了までのウェイト
    if(timcount == TIME_UP ){
      timcount = TIME_OFF;
      ++move;
    }
    break;
  }
}
```

　モード管理で「サーボモータ」の「回転角度の指定」と「動作完了待ち」をします。

＊

　「delay()関数」を使って動作完了までのウェイトを置く方法もありますが、「delay()関数」では「割り込み処理」以外が一時停止してしまいます。

　また、動作の遅延が問題となる場合は、「delay()関数」が使用できないことがあります。

＊

　例では「delay()関数」を使わずに、モードによる切り替えとタイマーを使ってウェイトを置く方法で「サーボモータ」を操作しています。

> ※「モード管理」と「タイマー」を使うことで、「delay()関数」によるソフトウェアウェイトを使わなくても「サーボモータ」を操作可能です。

　「writeMicroseconds()関数」で引数にus単位で指定する方法もあります。

　「90度」を指定する場合はデューティーサイクルが「1440us」(1.44ms)になるので引数に「1440」を指定します。

> ※「write()関数」で指定しても内部で「writeMicroseconds()関数」で変換しているため、どちらの関数を使っても結果は同じです。

　回転角を「0〜180度」で指定できる「write()関数」をお勧めします。　「モード0」では「サーボモータ」の回転角度を「write()関数」で指定します。

　引数に、操作したい角度を指定。　例では90度を指定しています。

＊

　角度を指定した後は「サーボモータ」が回転し終わるまでのウェイトを管理するタイマーをセットして「モード1」に進みます。

　「モード1」で、「モード0」で指定した角度になるまで待機します。

「サーボモータ」のデータシートによると、「Operating speed」(動作速度) が「0.12s/60 degree」なので、90度回転させる場合は「0.18s」以上のウェイトが必要です。

＊

例では、余裕を見て「300ms」のタイマーを置いています。

タイムアップすると、次のモードに遷移させます。

＊

以降は操作する角度に応じてモードを追加していきます。

5-3　動作確認

「サーボモータ」の電源は外部の電源から「DC5V」を供給しています。

「サーボモータ」のように、モータ系の負荷になると消費電流が大きいため、マイコンの「DO出力」では過負荷になるためです。

「外部電源」と「ArduinoのGND」は、同一系統にするために接続します。

> ※マイコンの「DO」の出力電流は最大でも「10mA」程度なので、過負荷の状態が続くとマイコンが発熱して、故障する可能性があるため注意が必要です。

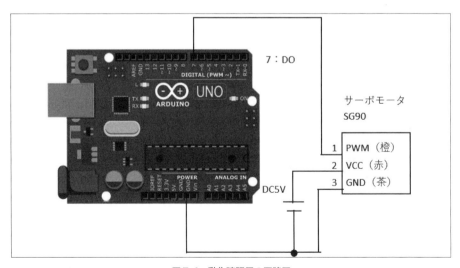

図5-4　動作確認用の回路図

電源を ON にすると、Arduino からのパルス波形によって「サーボモータ」が回転を始めます。

今回は「0度 (-90度) → 90度 (0度) → 180度 (90度) → 90度 (0度) → 0度 (-90度)」を繰り返すようにしました。

*

回転角度を指定した後に「300ms」ごとにウェイトを置きましたが、この時間を長くすると、一時停止しながら回転するため、動作の確認がしやすくなります。

逆に、90度のときに最低必要時間である「180ms」を下回ると、指定する角度の回転が完了しない状態で次の回転指令が上書きされるため、不安定な動作になります。

5-4 ソースコード全体

以下の「ソースコード」はコンパイルして動作確認をしています。

> ※コメントなど細かな部分で間違っていたり、ライブラリの更新などによって動作しなくなったりする可能性はあります。

リスト　全体ソースコード

```
#include <Servo.h>
#include <MsTimer2.h>

#define SERVO_PIN 7
#define TIME_UP 0
#define TIME_OFF -1
#define BASE_CNT 10  //10msがベースタイマーとなる
#define WAIT_TIM 30  //300msウェイト

Servo sg90;
uint8_t move;
int angle;
int8_t cnt10ms;
int8_t timcount;
int8_t ram;
uint8_t chk;
```

```
void mainTimer(void);
void TimerCnt(void);

void setup() {

  Serial.begin(115200);
  sg90.attach(SERVO_PIN,500,2400);

  MsTimer2::set(1,TimerCnt); //1msごとに関数へ遷移
  MsTimer2::start();

}

void loop() {

  mainTimer();

  switch (move){
  case 0: //回転指令
    ram = rand() % 10;
    chk = 80 + ram;
    sg90.write(chk); //回転角度を指定
    Serial.println(chk);
    timcount = WAIT_TIM;
    ++move;
    break;
  case 1: //タイマーウェイト
    if(timcount == TIME_UP ){
      //angle = sg90.read(); 現在どの角度が指定されているか
      timcount = TIME_OFF;
      ++move;
    }
    break;
  case 2: //回転指令
    ram = rand() % 10;
    chk = 170 + ram;
    sg90.write(chk); //回転角度を指定
    timcount = WAIT_TIM;
    ++move;
    break;
```

```
case 3: //タイマーウェイト
  if(timcount == TIME_UP ){
    timcount = TIME_OFF;
    ++move;
  }
  break;
case 4: //回転指令
  ram = rand() % 10;
  chk = 80 + ram;
  sg90.write(chk); //回転角度を指定
  timcount = WAIT_TIM;
  ++move;
  break;
case 5: //タイマーウェイト
  if(timcount == TIME_UP ){
    timcount = TIME_OFF;
    ++move;
  }
  break;
case 6: //回転指令
  ram = rand() % 10;
  chk = 0 + ram;
  sg90.write(chk); //回転角度を指定
  timcount = WAIT_TIM;
  ++move;
  break;
case 7: //タイマーウェイト
  if(timcount == TIME_UP ){
    timcount = TIME_OFF;
    ++move;
  }
  break;
default:
  break;
}

if( move >= 8){
  move = 0;
}
}
/* callback function add */
```

```
void TimerCnt(void){
  ++cnt10ms;
}
/* Timer Management function add */
void mainTimer(void){

  if( cnt10ms >= BASE_CNT ){
    cnt10ms -=BASE_CNT; //10msごとにここに遷移する
    if( timcount > TIME_UP ){
        timcount--;
    }
  }
}
```

「サーボモータ」の角度を指定する際に0〜9のランダム値を加えた角度を指定しています。

毎回同じ角度ではなく、変化を確認するのが目的です。

*

「MsTimer2.h」は「標準ライブラリ」では実装されていません。

「ライブラリ・マネージャ」で追加する必要があります。

第6章

「Wireライブラリ」で
「センサモジュール」のデータを取得する

Arduino環境では、「I2C通信」を行なうための「標準ライブラリ」として、「Wireライブラリ」が用意されています。

本章では、温湿度・気圧センサモジュール「BME280」のメーカーが提供しているAPIを使って、「温度・気圧・湿度」の計算を行ない、「I2C通信」で「センサ情報」を取得する方法をまとめました。

6-1　　　使用する「ライブラリ」について

「BME280」用のライブラリが有志によって公開されています。

ここでは「Wireライブラリ」の「使用方法」や「組み込み方法」を説明するため、「BME280」のメーカーであるBOSCH社が提供しているAPIを組み込んで実装しています。

＊

センサには、「BME280 温湿度・気圧センサモジュール」(I2C/SPI タイプ) (ストロベリー・リナックス)を使っています。

図6-1　「BME280 温湿度・気圧センサモジュール」のデータを「I2C通信」で取得

6-2 「BME280」のダウンロードとAPIの実装方法

「BME280」のデータシートを確認すると、「温度・湿度・気圧」に関して計算式や補正値による考え方が記載されていますが、BOSCH社が提供しているAPIを使うことが推奨されています。

＊

データシートに記載されている計算式でも問題ないのですが、提供されているAPIによるものと比較すると、APIによるソースのほうが作りこまれているため、APIを使ったほうがいいでしょう。

以降では「BME280」のドライバを「BME280API」と表記します。

■「BME280API」を、BOSCH社のHPからダウンロード

BOSCH社のHPから「BME280」のドライバをダウンロードします。

手 順　「BME280」のドライバのダウンロード

[1] 下記URLからダウンロードのページに遷移。

BoschSensortec-BME280_driver(Bosch社のBME280のAPI)
https://github.com/BoschSensortec/BME280_driver

[2] [Code] をクリックして [Download ZIP] を選択。
すると、ファイルをまとめてダウンロードできます。

図6-2　「BME280」のドライバのダウンロード

[3] ダウンロードが完了したら、展開します。

■「BME280」の「APIソフト」をArduinoファイル内に配置する

「Arduino IDE」のプロジェクトファイル表示欄横の▼マークから新規タブを押すと新規ファイルの追加が可能です。

ここではプロジェクトのフォルダ内にファイルを直接追加する方法を説明します。

＊

Arduinoのプロジェクトファイル(inoファイル)があるフォルダに、ダウンロードした「**BME280_driver-master**」の中から、以下の3つをコピーして追加します。

・bme280.c
・bme280.h
・bme280_defs.h

図6-3の例では、「Arduinoファイル」のプロジェクト名を、「bme280-i2c」に変更しています。

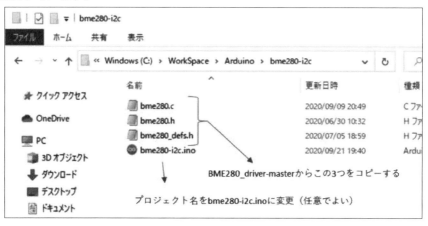

図6-3 「BME280」の「ドライバ・ファイル」を組み込む

■「BME280API」の実装の準備

「BME280API」は、「温湿度」や「気圧」の特殊な計算やフィルタに関して簡単に設定ができるように構成されています。

しかし、「I2Cの送受信」などは、使うマイコンに合わせて組み込む必要があります。

*

プロジェクトの最初に「BME280」のAPIをコールするために、「bme280.h」をインクルードします。

```
#include "bme280.h"
```

■「BME280API」に使う変数とユーザーが準備する関数の実装

「BME280API」を使うためには、2つの変数を準備する必要があります。

```
bme280_dev bme280main;
bme280_data sensor_data;
```

「bme280_dev」は、APIを使うための情報を格納する変数です。
この変数に必要な情報を記述することで、APIとリンクできます。

*

「bme280_data」は、APIが計算した温度、湿度、気圧に関するデータを格納する変数です。

*

ユーザーが準備する関数については、ダウンロードしたファイルの中にある「README.md」をテキストで開くと内容が確認できます。

*

ポイントとなる関数は、以下の通りです。

(1) bme280_init(&dev)

(2) int8_t stream_sensor_data_forced_mode(struct bme280_dev *dev)

(3) int8_t stream_sensor_data_normal_mode(struct bme280_dev *dev)

(4) void user_delay_ms(uint32_t period)

(5) int8_t user_i2c_read(uint8_t dev_id, uint8_t reg_addr, uint8_t *reg_data, uint16_t len)

(6) int8_t user_i2c_write(uint8_t dev_id, uint8_t reg_addr, uint8_t *reg_data, uint16_t len)

(1)は「BME280API」の初期化に使います。

ただし、コールする前に「デバイス ID」(スレーブアドレス)、「read/write」に使う「関数のアドレス」、「遅延用の関数」の登録が必要です。

また「I2C通信」を使うため、「intf」に「**BME280_I2C_INTF**」をセットします。

「Bme280Init()」という関数を自作して、その中で変数の登録と「bme280_init()」をコールしています。

```
void Bme280Init(){
  bme280main.dev_id = BME280_I2C_ADDR_PRIM;
  bme280main.intf = bme280_intf::BME280_I2C_INTF;
  bme280main.read = user_i2c_read;
  bme280main.write = user_i2c_write;
  bme280main.delay_ms = user_delay_ms;

  bme280_init(&bme280main);
  stream_sensor_data_forced_mode(&bme280main);
}
```

(2)は、1回センサの情報を取得するとスリープする機能です。

(3)は、繰り返してセンサの値を計算する機能です。

＊

ここでは消費電力を抑えるため、(2)の「force mode」を実装して使います。

＊

(2)と(4)の関数の実装例は、以下の通りです。

```
int8_t stream_sensor_data_forced_mode(struct bme280_dev
*dev){
  int8_t rslt;
  uint8_t settings_sel;
  uint32_t req_delay;

  dev->settings.osr_h = BME280_OVERSAMPLING_1X;
  dev->settings.osr_p = BME280_OVERSAMPLING_16X;
  dev->settings.osr_t = BME280_OVERSAMPLING_2X;
  dev->settings.filter = BME280_FILTER_COEFF_16;
  settings_sel = BME280_OSR_PRESS_SEL | BME280_OSR_TEMP_SEL
| BME280_OSR_HUM_SEL | BME280_FILTER_SEL;
  rslt = bme280_set_sensor_settings(settings_sel, dev);
  req_delay = bme280_cal_meas_delay(&dev->settings);
```

```
//while (1) {
  rslt = bme280_set_sensor_mode(BME280_FORCED_MODE, dev);
  dev->delay_ms(req_delay);
  rslt = bme280_get_sensor_data(BME280_ALL, &sensor_data,
dev);
//}
  return rslt;
}
```

基本的に、「READ.md」の内容はそのままでいいのですが、不要な部分をコメントアウトしている部分があります。

「while(1)」をコメントアウトしないと、ループから抜け出せなくなります。

(3) を使う際も同様に、「while(1)」をコメントアウトしておいたほうがいいでしょう。

```
void user_delay_ms(uint32_t period){
  delay(period);
}
```

(4) の関数は「ms」のウェイトをもたせるために引数が指定されているので、「delay() 関数」を追加しています。

> ※ (5) と (6) の関数についてはデータの読み書きに使いますが、準備されている引数を利用しながら組み込む必要があります。
> また、戻り値にAPIのステータスがリターンするように組み込む必要があります。
>
> 実装例は、後述の「Wire(I2C)の送信と実装例」と「Wire(I2C)の受信の手順と実装例」で示しています。

6-3 Arduinoで「Wire (I2C)」を使う

Arduinoの「標準ライブラリ」である「Wireライブラリ」の使い方を説明します。
ここでは、「I2C」の送信と受信を中心に説明しています。

■「Arduino」と「BME280(I2C)」の配線

「Arduino」と「BME280モジュール」の配線例を示しています。

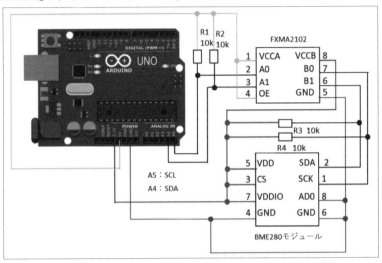

図6-4 「Arduino」と「BME280モジュール(I2C)」の配線例

「BME280」は「DC3V」系の電源で動作するモジュールであるため、「Arduino」
の「5V」を直接印加できません。
　そのため、「Arduino」から「BME280モジュール」に向かう信号については、「レ
ベル変換IC」(FXMA2102)を使っています。

＊

「Wire(I2C)」は、「プルアップ抵抗」が必要です。
　「Arduino」と「FXMA2102」の間と、「FXMA2102」と「BME280モジュール」の
間それぞれに、「プルアップ抵抗」を実装します。

　「プルアップ抵抗」が大きすぎると、配線長によってはクロックが鈍ってしま
い、通信できないことがあるので、注意が必要です。

*

「BME280モジュール」は、「Arduino」のSCLのクロックの供給によってデータの返信をします(「クロック同期式」という)。

クロックが供給されなければデータを「Arduino」に返信できません。

*

「I2C通信」は、基本的に、「マスター」(クロックを出す側)が「スレーブ」(クロックを受けて動作する側)に対してクロックを供給する関係になります。

*

「センサモジュール」に「クロック発振器」がついている場合はクロックを発生させられるため、「マスター」にも「スレーブ」にもなれますが、基本的には「Arduino」が「マスター」で「BME280モジュール」などのセンサモジュールが「スレーブ」です。

■「Wireライブラリ」の初期化

```
#include <Wire.h>

void setup() {

  Wire.begin(); //begin()内にアドレスを入れるとスレーブになる
  //Wire.setClock(100000); //クロック周波数を設定する場合にセット
初期は100kHz
}
```

「Wire (I2C)」を使う場合は、初めに「Wire.h」をインクルードします。

*

「begin()関数」の引数の有無によって、「マスター」で動作するか「スレーブ」で動作するかが決まります。

*

引数に指定した値で「スレーブ動作」を開始します。

「マスター」として使用するため、「引数」は「なし」です。

> ※クロックは、設定しなければ初期条件(ライブラリの「ソースコード」を確認すると、「100kHz」になっている)となります。
> 　引数として指定した値に近似した値がクロック周波数になりますが、誤差が大きくなると通信エラーの原因になるため注意が必要です。

　「I2C」による信号は「プルアップ抵抗」にも影響するため、クロックを速く設定しすぎると**波形が鈍ってしまう**こともあるので、特に意識せず「100kHz」で充分だと思います。

■「Wire(I2C)」の送信と実装例

　「Wireライブラリ」を使った送信の手順は、以下の通りです。

> **手　順**　「Wire(I2C)」の送信
>
> **[1]**「beginTransmission()関数」で初期化と「スレーブアドレス」をセット。
>
> **[2]**「write()関数」で書き込み対象のアドレスをセット。
>
> **[3]**「write()関数」で書き込むデータをセット。
>
> **[4]**「endTransmission()関数」で送信。

＊

[1]～[3]まではデータの準備です。
[4]の「endTransmission()関数」は、「スタート・コンディション」の発行や「コントロール・バイト」※の処理を行ない、データを送信した(書き込んだ)後、「ストップ・コンディション」を発行します。

> ※7ビットの「スレーブアドレス」を左詰めにして、最下位ビットに「Writeフラグ(0)」をセット。

＊

以下に実装例を示します。

```
int8_t user_i2c_write(uint8_t dev_id, uint8_t reg_addr,
uint8_t *reg_data, uint16_t len){
  int8_t rslt = 0;

  Wire.beginTransmission(dev_id); //スレーブが存在するか確認
  byte error = Wire.endTransmission();

  if( error == 0){
    Wire.beginTransmission(dev_id); //スタート・コンディション
の発行
    Wire.write(reg_addr);  //書き込む対象のアドレスをセット
```

```
    for( uint16_t i=0; i < len; i++ ){
        Wire.write(*reg_data); //lenサイズ分だけデータを書き込む
        ++reg_data;
    }
    Wire.endTransmission(); //ストップ・コンディションの発行
  }else{
    //NGの場合(エラーを管理したい場合はここで処理する)
  }
  return rslt; //APIに通知するため戻り値が必要
}
```

「BME280API」が宣言している関数である、「user_i2c_write()」に、「Wire」を組み込みます。

＊

最初に、「beginTransmission()関数」で初期化と「スレーブアドレス」をセットします。

「endTransmission()関数」でアドレスを送信し、スレーブが存在するか確認。

スレーブが存在する場合は戻り値が「0」になるため、「データの書き込み処理」に移ります。

スレーブが存在しない場合、もしくはエラーを監視したい場合は、NGの場合の処理を追加してAPIに異常を通知します。

＊

「beginTransmission()関数」で初期化と「スレーブアドレス」をセットします。

次に、書き込む対象のレジスタのアドレスを「write()関数」でセット。

続けて、「len」のサイズに応じて「write()関数」でデータをセットします。

＊

最後に「endTransmission()関数」で「スタート・コンディション」から「ストップ・コンディション」までを含めたデータを送信します。

■「Wire(I2C)」の受信の手順と実装例

「Wireライブラリ」を使った受信の手順は、以下の通りです。

手 順 「Wire(I2C)」の受信

[1] 「beginTransmission()関数」で初期化とスレーブアドレスをセット。

[2] 「write()関数」で書き込み対象のアドレスをセット。

[3] 「endTransmission()関数」で送信。

[4] 「requestFrom()関数」で対象のアドレスのデータを取得。

[5] 「read()関数」で取得したデータを読み込む。

*

[1]～**[3]**までは、「スレーブアドレス」に対して書き込み対象のアドレスを指定します。

[4]の「requestFrom()関数」は「スタート・コンディション」の発行や「コントロール・バイト」※の処理を行ない、指定した数のデータを取得して、「ストップ・コンディション」を発行します。

> ※7ビットの「スレーブアドレス」を左詰めにして最下位ビットに「Readフラグ(1)」
> をセット。

[5]は、**[4]**で取得したデータを読み込みます。

「送信」と異なる点は、「requestFrom()」で「ストップ・コンディション」を発行するため、「endTransmission()」の発行は必要ありません。

*

以下に実装例を示します。

```
int8_t user_i2c_read(uint8_t dev_id, uint8_t reg_addr,
uint8_t *reg_data, uint16_t len){
  int8_t rslt = 0;

  Wire.beginTransmission(dev_id); //スレーブが存在するか確認
  byte error = Wire.endTransmission();

  if( error == 0){
    Wire.beginTransmission(dev_id); //スタート・コンディション
```

```
の発行
    Wire.write(reg_addr); //書き込む対象のアドレスをセット(ライト
で指定)
    Wire.endTransmission(); //ストップ・コンディションの発行
    Wire.requestFrom(dev_id, len); //受信開始(スタート(ストッ
プ)・コンディションの発行)
    for( uint16_t i=0; i < len; i++ ){
      *reg_data = Wire.read(); //len分だけデータをリードする
      ++reg_data;
    }
  }else{
    //NGの場合(エラーを管理したい場合はここで処理する)
  }
  return rslt;
}
```

「BME280API」が宣言している関数である「user_i2c_read()」に「Wire」を組み込みます。

＊

最初に、「beginTransmission()関数」で初期化と「スレーブアドレス」をセットします。

「endTransmission()関数」でアドレスを送信しスレーブが存在するか確認。

スレーブが存在する場合は戻り値が「0」になるため、「データの書き込み処理」に移ります。
スレーブが存在しない場合、もしくはエラーを監視したい場合は、NGの場合の処理を追加してAPIに異常を通知します。

「beginTransmission()関数」で初期化と「スレーブアドレス」をセットします。

次に、書き込む対象のレジスタのアドレスを「write()関数」でセットします。
「endTransmission()関数」でスレーブのレジスタを選択した状態にします。

「requestFrom()関数」でスレーブから指定した数のデータを取得。
「read()関数」で取得したデータを読み込みます。

6-4 「BME280ライブラリ」を追加して使う(参考)

「BME280API」を組み込んで動作させる方法を説明しましたが、「Arduino IDE」で「BME280ライブラリ」を追加する方法もあります。

＊

「BME280ライブラリ」の中で「Adafruit BME280 ライブラリ」を使う方法を参考として説明します。

参 考　「Adafruit BME280 ライブラリ」を使う方法

「Arduino IDE」の「ライブラリマネージャ」の検索欄に「bme280」を入力すると、「BME280ライブラリ」の候補が表示されます。
候補の中から「Adafruit BME280 Library」をインストールします。

「Adafruit BME280 Library」をインストールする際に、他の追加ライブラリをインストールするか選択するメッセージが表示されることがあります。

これは、「Adafruit BME280 Library」は他のライブラリと関連性があるので、単体では使えないことがあるためです。
「Install all」を選択して、その他のライブラリも追加することをお勧めします。

```
#include <Adafruit_BME280.h>

Adafruit_BME280 bme280;
float bme280data[3];

void setup() {

  Serial.begin(115200);
  bme280.begin(0x76);
}

void loop() {

  Bme280Get();
  delay(1000);
}
```

```
/* BME280のデータ取得 */
void Bme280Get(void){

  Serial.print("Temperature = ");
  bme280data[0] = bme280.readTemperature();
  Serial.print(bme280data[0]);
  Serial.println(" ℃");

  Serial.print("Pressure = ");
  bme280data[1] = bme280.readPressure() / 100.0F;
  Serial.print(bme280data[1]);
  Serial.println(" hPa");

  Serial.print("Humidity = ");
  bme280data[2] = bme280.readHumidity();
  Serial.print(bme280data[2]);
  Serial.println(" %");
  Serial.println();
}
```

＊

「Adafruit BME280 Library」をインクルードし、「Adafruit_BME280 クラス」の変数を宣言して、インスタンス化します。

例では「bme280」でインスタンス化しています。

＊

「begin()関数」でライブラリを初期化します。

「BME280」を「I2C」で使う場合は、引数にスレーブを指定。

引数にアドレスを指定しない場合は、デフォルト値である「0x77」がスレーブになります。

例では、「0x76」を指定しています。

＊

「温度情報」の取得は、「readTemperature()関数」、「気圧情報」の取得は「readPressure()関数」、「湿度情報」の取得は「readHumidity()関数」を使います。

＊

使用例のように、データを取得した場所で関数をコールするだけで簡単に測定値が取得できるため、手軽に動作確認できます。

6-5　動作確認

Arduinoのシリアルモニタに、「**BME280モジュール**」から取得したデータを換算した値を表示しています。

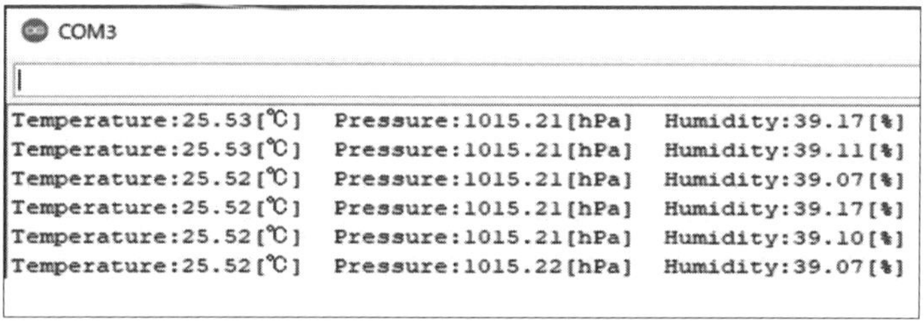

```
COM3

Temperature:25.53[℃]    Pressure:1015.21[hPa]    Humidity:39.17[%]
Temperature:25.53[℃]    Pressure:1015.21[hPa]    Humidity:39.11[%]
Temperature:25.52[℃]    Pressure:1015.21[hPa]    Humidity:39.07[%]
Temperature:25.52[℃]    Pressure:1015.21[hPa]    Humidity:39.17[%]
Temperature:25.52[℃]    Pressure:1015.21[hPa]    Humidity:39.10[%]
Temperature:25.52[℃]    Pressure:1015.22[hPa]    Humidity:39.07[%]
```

図6-5　Arduinoと「BME280(I2C)」の動作確認

「温度」(Temperature)は、部屋に置いている温度計によると「25.5℃」であり、「気圧」(Pressure)はスマホを見ると「1009hPa = 1009 m Bar」で、「湿度」(Humidity)については、スマホのデータでは「43%」でした。

少し誤差がある気がしますが、室内のデータであることも考慮すると、それなりに計測できていると思います。

＊

Arduinoの「I2C」を使ってセンサの情報が取得できるようになると、他の「I2C通信」が可能なセンサのデータも取得できるため、応用範囲が広がりそうです。

6-6 ソースコード全体

以下の「ソースコード」はコンパイルして動作確認をしています。

※コメントなど細かな部分で間違っていたり、ライブラリの更新などにより動作しなくなったりする可能性はあります。

リスト　全体ソースコード

```
#include <Wire.h>
#include "bme280.h"

#define FORCED_MODE //省エネモードを使用するとき定義する
#define TIME_UP 0
#define TIME_OFF -1
#define BASE_CNT 10 //10msがベースタイマとなる
#define GET_SENSOR_MAX 500

//application use
bme280_dev bme280main;
bme280_data sensor_data;
bool bmeinitflg = false;
int8_t cnt10ms;
int16_t timsensor = TIME_OFF;
uint32_t beforetimCnt = millis();

/*** Local function prototypes */
void Bme280Init();
int8_t user_i2c_read(uint8_t dev_id, uint8_t reg_addr,
uint8_t *reg_data, uint16_t len);
int8_t user_i2c_write(uint8_t dev_id, uint8_t reg_addr,
uint8_t *reg_data, uint16_t len);
void user_delay_ms(uint32_t period);
int8_t stream_sensor_data_forced_mode(struct bme280_dev
*dev);
int8_t stream_sensor_data_normal_mode(struct bme280_dev
*dev);

void setup() {
  Wire.begin();
  //Wire.setClock(100000);
  Serial.begin(115200);
```

```
  Bme280Init();
  timsensor = GET_SENSOR_MAX;
}


void loop() {

  if ( millis() - beforetimCnt >= BASE_CNT ){
    beforetimCnt = millis();

    if( timsensor > TIME_UP ){
      timsensor--;
    }

    if( timsensor == TIME_UP ){
      timsensor = GET_SENSOR_MAX;
      #ifdef FORCED_MODE
        stream_sensor_data_forced_mode(&bme280main);
      #else
        //stream_sensor_data_normal_mode(&bme280main);
      #endif
      Serial.print("Temperature:");
      Serial.print((double)sensor_data.temperature);
      Serial.print("[℃]");
      Serial.print("  Pressure:");
      Serial.print((double)sensor_data.pressure/100);
      Serial.print("[hPa]");
      Serial.print("  Humidity:");
      Serial.print((double)sensor_data.humidity);
      Serial.println("[%]");
    }
  }
}

/* Bme280 api use function add */
int8_t user_i2c_write(uint8_t dev_id, uint8_t reg_addr,
uint8_t *reg_data, uint16_t len){
  int8_t rslt = 0;

  Wire.beginTransmission(dev_id); //スレーブが存在するか確認
  byte error = Wire.endTransmission();
```

```
  if( error == 0 ){
    Wire.beginTransmission(dev_id); //スタート・コンディション
の発行
    Wire.write(reg_addr);   //書き込む対象のアドレスをセット
    for( uint16_t i=0; i < len; i++ ){
      Wire.write(*reg_data); //lenサイズ分だけデータを書き込む
      ++reg_data;
    }
    Wire.endTransmission(); //ストップ・コンディションの発行
  }else{
    //NGの場合(エラーを管理したい場合はここで処理する)
  }
  return rslt;
}
/* Bme280 api use function add */
int8_t user_i2c_read(uint8_t dev_id, uint8_t reg_addr,
uint8_t *reg_data, uint16_t len){
  int8_t rslt = 0;

  Wire.beginTransmission(dev_id); //スレーブが存在するか確認
  byte error = Wire.endTransmission();

  if( error == 0 ){
    Wire.beginTransmission(dev_id); //スタート・コンディション
の発行
    Wire.write(reg_addr); //書き込む対象のアドレスをセット(ライト
で指定)
    Wire.endTransmission(); //ストップ・コンディションの発行
    Wire.requestFrom(dev_id, len); //受信開始(スタート(ストッ
プ)・コンディションの発行)
    for( uint16_t i=0; i < len; i++ ){
      *reg_data = Wire.read(); //len分だけデータをリードする
      ++reg_data;
    }
  }else{
    //NGの場合(エラーを管理したい場合はここで処理する)
  }
  return rslt;
}
/* Bme280 sensor iniialize */
void Bme280Init(){
```

```
  bme280main.dev_id = BME280_I2C_ADDR_PRIM;
  bme280main.intf = bme280_intf::BME280_I2C_INTF;
  bme280main.read = user_i2c_read;
  bme280main.write = user_i2c_write;
  bme280main.delay_ms = user_delay_ms;

  Wire.beginTransmission(bme280main.dev_id);
  byte error = Wire.endTransmission();

  if( error == 0){
    bme280_init(&bme280main);
    #ifdef FORCED_MODE
      stream_sensor_data_forced_mode(&bme280main);
    #else
      //stream_sensor_data_normal_mode(&bme280main);
    #endif
  }
}
/* Bme280 api use function add */
void user_delay_ms(uint32_t period){
  delay(period);
}
/* Bme280 api use function add */
int8_t stream_sensor_data_forced_mode(struct bme280_dev
*dev){
  int8_t rslt;
  uint8_t settings_sel;
  uint32_t req_delay;

  dev->settings.osr_h = BME280_OVERSAMPLING_1X;
  dev->settings.osr_p = BME280_OVERSAMPLING_16X;
  dev->settings.osr_t = BME280_OVERSAMPLING_2X;
  dev->settings.filter = BME280_FILTER_COEFF_16;
  settings_sel = BME280_OSR_PRESS_SEL | BME280_OSR_TEMP_SEL
| BME280_OSR_HUM_SEL | BME280_FILTER_SEL;
  rslt = bme280_set_sensor_settings(settings_sel, dev);
  req_delay = bme280_cal_meas_delay(&dev->settings);

  //while (1) {
    rslt = bme280_set_sensor_mode(BME280_FORCED_MODE, dev);
    dev->delay_ms(req_delay);
```

```
    rslt = bme280_get_sensor_data(BME280_ALL, &sensor_data,
dev);
  //}
  return rslt;
}
/* Bme280 api use function add */
int8_t stream_sensor_data_normal_mode(struct bme280_dev
*dev){
  int8_t rslt;
  uint8_t settings_sel;
  struct bme280_data comp_data;

  dev->settings.osr_h = BME280_OVERSAMPLING_1X;
  dev->settings.osr_p = BME280_OVERSAMPLING_16X;
  dev->settings.osr_t = BME280_OVERSAMPLING_2X;
  dev->settings.filter = BME280_FILTER_COEFF_16;
  dev->settings.standby_time = BME280_STANDBY_TIME_62_5_MS;
  settings_sel = BME280_OSR_PRESS_SEL;
  settings_sel |= BME280_OSR_TEMP_SEL;
  settings_sel |= BME280_OSR_HUM_SEL;
  settings_sel |= BME280_STANDBY_SEL;
  settings_sel |= BME280_FILTER_SEL;
  rslt = bme280_set_sensor_settings(settings_sel, dev);
  rslt = bme280_set_sensor_mode(BME280_NORMAL_MODE, dev);

  //while (1) {
    dev->delay_ms(70);
    rslt = bme280_get_sensor_data(BME280_ALL, &sensor_data,
dev);
  //}
  return rslt;
}
```

"[6-2] 「BME280」のダウンロードとAPIの実装方法" で説明している
「BME280API」を、｜Arduinoのプロジェクトファイル｜に追加することで、動
作します。

第**7**章

「SPIライブラリ」を使って
「センサモジュール」のデータを取得する

Arduino環境では、「SPI通信」を行なうための「標準ライブラリ」として「SPIライブラリ」があります。
本章では、「BME280」のメーカーが提供しているAPIを使って、「温度・気圧・湿度」を計算し、「SPI通信」で「センサ情報」を取得する方法をまとめました。

7-1 使用する「ライブラリ」と「モジュール」

「BME280」用のライブラリが有志によって公開されていますが、ここでは「SPIライブラリ」の「使用方法」や「組み込み方法」を説明するため、「BME280」のメーカーである、BOSCH社が提供しているAPIを組み込んで実装しています。

*

「BME280 温湿度・気圧センサモジュール(I2C/SPIタイプ)」(ストロベリー・リナックス)を使います。

図7-1 「BME280 温湿度・気圧センサモジュール(I2C/SPIタイプ)」(ストロベリー・リナックス)を使う

7-2　　　　　Arduinoで「SPI」を使う

Arduinoの「標準ライブラリ」である「SPIライブラリ」の使い方を説明します。

ここでは、「SPIの送信と受信」について「BME280API」の組み込み方法を例として説明します。

> ※「BME280API」の実装の仕方は、6-2の「BME280のダウンロードとAPIの実装方法」で説明しています（「I2C」とある箇所は「SPI」に読み替えてください）。

■「Arduino」と「BME280（SPI）」の配線

「Arduino」と「BME280モジュール」の配線例を示しています。

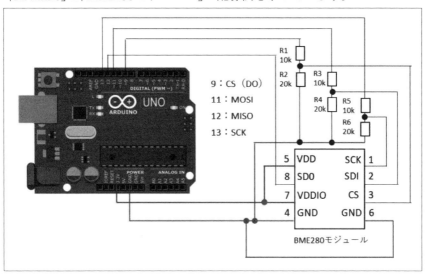

図7-2　「Arduino」と「BME280モジュール」の配線図(SPI)

「BME280モジュール」は、「DC3V」系の電源で動作するモジュールであるため、「Arduino」の「5V」を直接印加できません。

そのため「Arduino」から「BME280モジュール」に向かう信号については、抵抗で分圧するために、そのまま接続しています。

*

「BME280モジュール」を選択する「CS」は、任意の「DO」を使用可能です。

今回は、「9ピン」を「DO出力」に設定し、「SPIのデバイス選択」とします。

表7-1 「SPI」の配線の組み合わせ

信号名	説　明
13ピン：SCK	SPIデバイスへのクロックを出力する
12ピン：MISO	マスターが入力で、スレーブが出力
11ピン：MOSI	マスターが出力で、スレーブが入力
上記以外の任意のDOピン：CS	SPIデバイス（スレーブ）の選択

「BME280モジュール」は「Arduino」のSCKのクロックの供給によって、データの返信をします（「クロック同期式」という）。

クロックが供給されなければデータを「Arduino」に返信できません。

> ※「SPI通信」は、基本的に、「マスター」（クロックを出す側）が、「スレーブ」（クロックを受けて動作する側）に対してクロックを供給する関係になります。

■「SPIライブラリ」の初期化

```
#include <SPI.h>

#define SPI_CS_ON digitalWrite(spi_cs,LOW)
#define SPI_CS_OFF digitalWrite(spi_cs,HIGH)

const uint8_t spi_cs = 9;
```

「SPI.h」をインクルードし、CS用のDOの操作について定義しています。

「BME280モジュール」のマニュアル（ストロベリー・リナックス社の資料）に、"CSがLOWアクティブ"とあるので、**CSがONのときに「LOW」になるように**「digtalWrite()」を定義しています。

```
void setup() {

  pinMode(spi_cs, OUTPUT); //CSとして使用するDOを設定
  SPI_CS_OFF; //Hレベルにする(アクティブLなのでHを初期値とする)
  SPI.begin();
  SPI.setBitOrder(MSBFIRST); //最上位ビットから順番に送信
  SPI.setDataMode(SPI_MODE0); //SPIモードを0にする
  //SPI.setClockDivider(SPI_CLOCK_DIV4); //クロックを4分周(基本は4MHz)
}
```

「BME280モジュール」は、CSが「LOW」でアクティブになるので、初期状態を「HIGH」にしています。

「SPI通信」のビットを最上位ビットから順番に送信する設定と、マスターのSPIモードを「0」に設定。

* 　　

「begin ()関数」で「SPI」の初期化を行ないます。

「setBitOrder ()関数」は送信のビットを指定するもので、デフォルトは最上位ビットから順番に送信(MSBFIRST)です。

* 　　

「setDataMode()関数」はSPIのモードを指定するもので、デフォルトは「モード0」です。

「setClockDivider()関数」は、基本クロック「4MHz」の分周比を指定します。

「スレーブ」の応答速度に応じてクロックを調整するのに使います。

> ※デフォルト値で使う場合は、「setBitOrder()関数」「setDataMode()関数」「setClockDivider()関数」による設定は必要ありません。

■SPIのモードの考え方

SPIには「4つのモード」があり、「CPOLビット」と「CPHAビット」の組み合わせによって動作が決まります。

* 　　

「CPOLビット」は、「マスター」がアイドル状態(何もせず待機している)のときのクロックの極性を決めるものです。

「0」にすると、クロックが「Lレベル」でアイドルとなり、「1」にするとクロックが「Hレベル」でアイドルとなります。

* 　　

「CPHAビット」は、クロックの位相を選択するものです。

「0」にするデータをクロックの「立ち上がり」でサンプリング(データを確定)し、「立ち下り」でデータをシフト(次のビットの値をセット)します。

「1」にすると、データをクロックの「立ち下り」でサンプリングし、「立ち上がり」でデータをシフトします。

表7-2 「SPIモード」のまとめ

Mode	CPOL：CPHA	説　明
0	0：0	クロックはアイドル時に「Lレベル」。クロックの「立ち上がり」でデータをサンプリングし、「立ち上がり」でシフトする。
1	0：1	クロックはアイドル時に「Lレベル」。クロックの「立ち下り」でデータをサンプリングし、「立ち上がり」でシフトする。
2	1：0	クロックはアイドル時に「Hレベル」。クロックの「立ち上がり」でデータをサンプリングし、「立ち下り」でシフトとする。
3	1：1	クロックはアイドル時に「Hレベル」。クロックの「立ち下り」でデータをサンプリングし、「立ち上がり」でシフトする。

*

　基本的に制約がない限りモードを気にせずに使えますが、「スレーブの仕様」によってデータの準備のタイミングなどの影響を受けるため、「スレーブ」側の通信仕様を確認しておくことが必要です。

*

　今回の例では、「モード0」と「モード3」でデータが取得できましたが、「モード1」と「モード2」においてはデータを取得できていません。

*

　「SPI」のボーレートを遅くするほど、「スレーブ」側がデータを準備する余裕ができるため、安定した通信ができます。

　通信に安定性をもたせるために分周する際には、「setClockDivider関数()」で分周比を設定できます。

■SPIの「送信」と実装例

「SPIライブラリ」を使った「送信」の手順は、以下の通りです。

手 順 SPIの「送信」

[1] CSでデバイスを選択する。

[2] 「transfer()関数」でデータを送信。

[3] CSのデバイス選択を解除。

*

[1]は、「BME280モジュール」が「LOWアクティブ」なので、「LOW」にすると「BME280モジュール」が動作を開始します。

[2]は、「transfer()関数」の引数に「送信データ」を指定して送信します。

[3]では、データ送信が終わったので「**BME280モジュール**」のデバイス選択を解除します。

```
int8_t user_spi_write(uint8_t dev_id, uint8_t reg_addr,
uint8_t *reg_data, uint16_t len){
  int8_t rslt = 0;

  SPI_CS_ON; //CSをLレベル
  SPI.transfer(reg_addr); //対象アドレスを送信(書き込み)
  for(uint8_t i=0; i < len; i++){
    SPI.transfer(*reg_data); //対象データを送信(書き込み)
    ++reg_data;
  }
  SPI_CS_OFF; //CSをHレベル
  return rslt; //APIに戻り値を返す必要がある
}
```

最初に、「**BME280モジュール**」を選択するため、CSを「LOW」にしています。

「**transfer()関数**」で、対象のアドレスを指定し、「**transfer()関数**」でlenのサイズ分のデータを送信(書き込み)。

*

データをすべて送信すると、「**BME280モジュール**」に対するCSを「HIGH」にして、選択を解除しています。

■SPIの「受信」と「実装例」

「SPIライブラリ」を使った「受信」の手順は以下の通りです。

手 順　SPIの「受信」

[1] CSでデバイスを選択する

[2] 「transfer()関数」でデータを送信

[3] 「transfer()関数」で「ダミーデータ」を送信してデータを読み込む

[4] CSのデバイス選択を解除

＊

[1]と[2]については「送信」と同様ですが、[3]は「transfer()関数」の「戻り値」が読み込みデータになるので、「ダミーデータ」でクロックを「BME280モジュール」に供給してデータを読み込みます。

＊

データを読み込み終えたら、「BME280モジュール」に対するCSを「HIGH」にして選択を解除しています。

```
int8_t user_spi_read(uint8_t dev_id, uint8_t reg_addr,
uint8_t *reg_data, uint16_t len)
{
  int8_t rslt = 0;

  SPI_CS_ON; //CSをLレベル
  SPI.transfer(reg_addr); //対象アドレスを送信(書き込み)
  for( uint8_t i=0;i < len; i++ ){
    *reg_data = SPI.transfer(0x00); //ダミーで0を送信
    ++reg_data;
  }
  SPI_CS_OFF; //CSをHレベル
  return rslt; //APIに戻り値を返す必要がある
}
```

＊

最初に、「BME280モジュール」を選択するためにCSを「LOW」にしています。
「transfer()関数」で対象のアドレスを指定し、データをlenサイズ分読み込むため、ダミーで「0」を送信しています。

*

ダミーで「0」を送信しているのは「BME280モジュール」にクロックを供給するためです。

「BME280モジュール」はArduinoのクロックに同期してデータをセットするため、ダミーで「0」を送信すると「BME280モジュール」が応答し、データを返信。

「transfer()関数」は「BME280モジュール」が返信したデータを「戻り値」にセットします。

> ※「BME280モジュール」にクロックを供給することが目的なので、「ダミーデータ」は任意の1バイトデータで問題ありません。
> 「SPI」は基本的に送信と受信が同時に処理される仕様であることがポイントです。

データをすべて受信したら、「BME280モジュール」のCSを「HIGH」にして選択を解除しています。

7-3 「BME280ライブラリ」を追加して使う

「BME280API」を組み込んで動作させる方法を説明しましたが、「Arduino IDE」で「BME280ライブラリ」を追加する方法もあります。

「BME280ライブラリ」の中で、「Adafruit BME280 ライブラリ」を使う方法を参考として説明します。

*

「Arduino IDE」のライブラリマネージャの検索欄に「bme280」と入力すると、「BME280ライブラリ」の候補が表示されます。

候補の中から「Adafruit BME280 Library」をインストールします。

*

「Adafruit BME280 Library」をインストールする際に、他の追加ライブラリをインストールするか選択するメッセージが表示されることがあります。

これは、「Adafruit BME280 Library」は他のライブラリと関連性があるので、単体では使えないことがあるためです。

「Install all」を選択して、その他のライブラリも追加することをお勧めします。

```
#include <Adafruit_BME280.h>

#define SPI_CS 9

Adafruit_BME280 bme280(SPI_CS);
float bme280data[3];

void setup() {

  Serial.begin(115200);
  bme280.begin();
}

void loop() {

  Bme280Get();
  delay(1000);
}

/* BME280のデータ取得 */
void Bme280Get(void){

  Serial.print("Temperature = ");
  bme280data[0] = bme280.readTemperature();
  Serial.print(bme280data[0]);
  Serial.println(" °C");

  Serial.print("Pressure = ");
  bme280data[1] = bme280.readPressure() / 100.0F;
  Serial.print(bme280data[1]);
  Serial.println(" hPa");

  Serial.print("Humidity = ");
  bme280data[2] = bme280.readHumidity();
  Serial.print(bme280data[2]);
  Serial.println(" %");
  Serial.println();
}
```

*

「Adafruit BME280 Library」をインクルードします。

「SPI」で使う場合は、「Adafruit_BME280クラス」の型でインスタンス化した変数の引数に、CSに使うピンを指定します。

＊

「setup()関数」内で、「begin()関数」でライブラリを初期化。

＊

「温度情報」の取得は「readTemperature()関数」、「気圧情報」の取得は「readPressure()関数」、「湿度情報」の取得は「readHumidity()関数」を使います。

> ※使用例のように、データを取得した場所で関数をコールするだけで簡単に測定値が取得できるため、手軽に動作確認できます。

7-4 動作確認

「Arduino IDE」のシリアルモニタに、「BME280モジュール」から取得したデータを換算した値を表示しています。

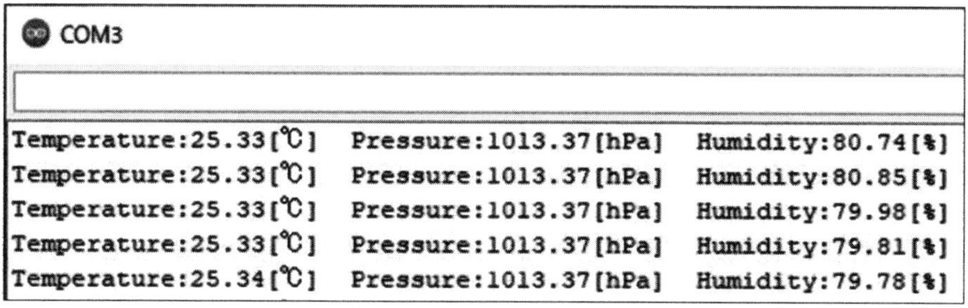

```
● COM3

Temperature:25.33[℃]   Pressure:1013.37[hPa]   Humidity:80.74[%]
Temperature:25.33[℃]   Pressure:1013.37[hPa]   Humidity:80.85[%]
Temperature:25.33[℃]   Pressure:1013.37[hPa]   Humidity:79.98[%]
Temperature:25.33[℃]   Pressure:1013.37[hPa]   Humidity:79.81[%]
Temperature:25.34[℃]   Pressure:1013.37[hPa]   Humidity:79.78[%]
```

図7-3 「Arduino」と「BME280モジュール(SPI)」の動作確認

「温度」(Temperature)は、部屋に置いている温度計によると「25.5℃」であり、「気圧」(Pressure)は、スマホを見ると「1009hPa＝1009 m Bar」。
「湿度」(Humidity)については雨天であり、スマホのデータでは「85％」でした。

少し誤差がありますが、室内のデータであることも考慮すると、それなりに計測できていると思います。

＊

「Arduino」のSPIでセンサ情報が取得できるようになることで、他のSPI通信が可能なセンサのデータも取得できるため、応用範囲が広がりそうです。

7-5 ソースコード全体

以下の「ソースコード」はコンパイルして動作確認をしています。

> ※コメントなど、細かな部分で間違っていたり、ライブラリの更新などによって動作しなくなったりする可能性はあります。

リスト　全体ソースコード

```
#include <SPI.h>
#include "bme280.h"

#define FORCED_MODE //省エネモードを使用するとき定義する
#define TIME_UP 0
#define TIME_OFF -1
#define BASE_CNT 10 //10msがベースタイマとなる
#define GET_SENSOR_MAX 100

#define SPI_CS_ON digitalWrite(spi_cs,LOW)
#define SPI_CS_OFF digitalWrite(spi_cs,HIGH)

const uint8_t spi_cs = 9;

//application use
bme280_dev bme280main;
bme280_data sensor_data;
int8_t cnt10ms;
int16_t timsensor = TIME_OFF;
uint32_t beforetimCnt = millis();

/*** Local function prototypes */
void Bme280Init();
int8_t user_spi_read(uint8_t dev_id, uint8_t reg_addr,
uint8_t *reg_data, uint16_t len);
int8_t user_spi_write(uint8_t dev_id, uint8_t reg_addr,
uint8_t *reg_data, uint16_t len);
void user_delay_ms(uint32_t period);
int8_t stream_sensor_data_forced_mode(struct bme280_dev
*dev);
int8_t stream_sensor_data_normal_mode(struct bme280_dev
*dev);
```

```
void setup() {

  pinMode(spi_cs, OUTPUT); //CSとして使用するDOを設定
  SPI_CS_OFF; //Hレベルにする(アクティブLなのでHを初期値とする)
  SPI.begin();
  SPI.setBitOrder(MSBFIRST); //最上位ビットから順番に送信
  SPI.setDataMode(SPI_MODE0); //SPIモードを0にする
  //SPI.setClockDivider(SPI_CLOCK_DIV4); //クロックを4分周(基
本は4MHz)

  Serial.begin(115200);
  Bme280Init();
  timsensor = GET_SENSOR_MAX;
}

void loop() {

  if ( millis() - beforetimCnt >= BASE_CNT ){
    beforetimCnt = millis();

    if( timsensor > TIME_UP ){
      timsensor--;
    }

    if( timsensor == TIME_UP ){
      timsensor = GET_SENSOR_MAX;
      #ifdef FORCED_MODE
        stream_sensor_data_forced_mode(&bme280main);
      #else
          //stream_sensor_data_normal_mode(&bme280main);
      #endif
      Serial.print("Temperature:");
      Serial.print((double)sensor_data.temperature);
      Serial.print("[℃]");
      Serial.print("  Pressure:");
      Serial.print((double)sensor_data.pressure/100);
      Serial.print("[hPa]");
      Serial.print("  Humidity:");
      Serial.print((double)sensor_data.humidity);
      Serial.println("[%]");
    }
```

```
  }
}
/* Bme280 api use function add */
int8_t user_spi_write(uint8_t dev_id, uint8_t reg_addr,
uint8_t *reg_data, uint16_t len){
  int8_t rslt = 0;

  SPI_CS_ON; //CS を L レベル
  SPI.transfer(reg_addr); //対象アドレスを送信(書き込み)
  for(uint8_t i=0; i < len; i++){
    SPI.transfer(*reg_data); //対象データを送信(書き込み)
    ++reg_data;
  }
  SPI_CS_OFF; //CS を H レベル
    return rslt;
}
/* Bme280 api use function add */
int8_t user_spi_read(uint8_t dev_id, uint8_t reg_addr,
uint8_t *reg_data, uint16_t len){
  int8_t rslt = 0;

  SPI_CS_ON; //CS を L レベル
  SPI.transfer(reg_addr); //対象アドレスを送信(書き込み)
  for( uint8_t i=0;i < len; i++ ){
    *reg_data = SPI.transfer(0xFF); //ダミーで 0 を送信
    ++reg_data;
  }
  SPI_CS_OFF; //CS を H レベル
  return rslt;
}
/* Bme280 sensor iniialize */
void Bme280Init(){
  bme280main.dev_id = 0;
  bme280main.intf = bme280_intf::BME280_SPI_INTF;
  bme280main.read = user_spi_read;
  bme280main.write = user_spi_write;
  bme280main.delay_ms = user_delay_ms;

  bme280_init(&bme280main);

  #ifdef FORCED_MODE
```

```
      stream_sensor_data_forced_mode(&bme280main);
  #else
    //stream_sensor_data_normal_mode(&bme280main);
  #endif
}
/* Bme280 api use function add */
void user_delay_ms(uint32_t period){
  delay(period);
}
/* Bme280 api use function add */
int8_t stream_sensor_data_forced_mode(struct bme280_dev
*dev){
  int8_t rslt;
  uint8_t settings_sel;
  uint32_t req_delay;
  //struct bme280_data comp_data;

  dev->settings.osr_h = BME280_OVERSAMPLING_1X;
  dev->settings.osr_p = BME280_OVERSAMPLING_16X;
  dev->settings.osr_t = BME280_OVERSAMPLING_2X;
  dev->settings.filter = BME280_FILTER_COEFF_16;

  settings_sel = BME280_OSR_PRESS_SEL | BME280_OSR_TEMP_SEL
| BME280_OSR_HUM_SEL | BME280_FILTER_SEL;

  rslt = bme280_set_sensor_settings(settings_sel, dev);
  req_delay = bme280_cal_meas_delay(&dev->settings);

  //while (1) {
    rslt = bme280_set_sensor_mode(BME280_FORCED_MODE, dev);
    dev->delay_ms(req_delay);
    rslt = bme280_get_sensor_data(BME280_ALL, &sensor_data,
dev);
  //}
  return rslt;
}
/* Bme280 api use function add */
int8_t stream_sensor_data_normal_mode(struct bme280_dev
*dev){
  int8_t rslt;
  uint8_t settings_sel;
```

```
  struct bme280_data comp_data;

  dev->settings.osr_h = BME280_OVERSAMPLING_1X;
  dev->settings.osr_p = BME280_OVERSAMPLING_16X;
  dev->settings.osr_t = BME280_OVERSAMPLING_2X;
  dev->settings.filter = BME280_FILTER_COEFF_16;
  dev->settings.standby_time = BME280_STANDBY_TIME_62_5_MS;

  settings_sel = BME280_OSR_PRESS_SEL;
  settings_sel |= BME280_OSR_TEMP_SEL;
  settings_sel |= BME280_OSR_HUM_SEL;
  settings_sel |= BME280_STANDBY_SEL;
  settings_sel |= BME280_FILTER_SEL;
  rslt = bme280_set_sensor_settings(settings_sel, dev);
  rslt = bme280_set_sensor_mode(BME280_NORMAL_MODE, dev);

  //while (1) {
    dev->delay_ms(70);
    rslt = bme280_get_sensor_data(BME280_ALL, &comp_data,
dev);
  //}
  return rslt;
}
```

"[6-2] 「BME280」のダウンロードとAPIの実装方法" で説明している
「BME280API」を、「Arduinoのプロジェクトファイル」に追加することで、動
作します。

第**8**章

「土壌センサ」の情報を取得

Arduino環境では、アナログ入力をAD変換する「標準ラ
イブラリ」が実装されています。
「土壌センサ」の「電圧出力」を「アナログピン」に入力して、
AD変換値を読むことで、土壌の水分量を確認できます。

8-1　　　　　　使用するパーツ

「土壌センサ」は、「SEN0114」(DFROBOT製：秋月電子で購入)を使ってい
ます。

*

「土壌センサ」の動作検証と「Arduino UNO」の拡張基板である「SD CARD
SHIELD」を使って「SDカード」に土壌の状態を保存して動作確認を行ないました。

図8-1　「土壌センサ」の情報を取得する

8-2 「土壌センサ」の情報を取得する

「SEN0114」は、土壌の抵抗分で発生する電圧を出力するセンサです。

水分量が多いほど土壌の抵抗分が少なくなり、電気を通しやすくなることを利用したものです。

＊

下記のリンクにセンサの情報とスケッチ例が説明されています。

SEN0114 Moisture Sensor-DFROBOT
https://wiki.dfrobot.com/Moisture_Sensor__SKU_SEN0114_

Arduino用に出力調整されているため、「ライブラリ」で読み取った値から土壌の状態を確認できます。

■センサ情報の使用例

```
if( timdataget == TIME_UP){
  timdataget = TIM_MEAS;
  sen0114.buf[sen0114.wp] = analogRead(A0);

  if(++sen0114.wp >= MEAS_MAX){
    sen0114.wp = 0;
  }

  sum = 0;
  for(uint8_t i =0; i < MEAS_MAX; i++){
    sum += sen0114.buf[i];
  }

  sen0114.humid = sum >> 3; //8で割る
}
```

「アナログ・データ」は、ノイズの影響などで実際の値から少し上下することがあるため、**数回読み込んだデータを平均化して使います。**

＊

電圧値の取得は「analogRead()関数」を使います。

引数にアナログピンの番号を指定。

「AD変換値」が「戻り値」にセットされるので、変数に格納します。

＊

例では「100ms」ごとにデータを取得して、最新のデータから8個ぶんのデータを使って「平均値」を算出しています。

平均化する際に「>>3」で3回右にシフトしていますが、この結果は「8」で割るのと同じです。

このように、マイコンで計算する際に、「ビットシフト」で計算すると、計算時間を減らせます。

演算器をもたないマイコンを使う場合においては、効果的な方法です。

＊

「土壌センサ」としての用途を考えると、「土壌の水分」は、短期間では変化しないため、計測の頻度を減らして平均化しない構成でも、問題ないと思います。

■動作検証

「SEN0114」の計測値について動作確認を行ないました。

＊

「Arduino」から取得した値で、土壌の状態の目安として、「0～300 dry soil」「300～700 humid soi」「700～950 in water」と記載されています。

＊

「SEN0114」を2つのプローブ間を、次のパターンで満たして計測値の確認を行ないます。

(1) プローブ間を指で触れる

(2) プローブを水の中に入れる (図8-2の写真の通り)

(3) プローブ間をショートする

図8-2 「SENO114」の動作検証

これらのパターンの結果を、「シリアルモニタ」で確認します。

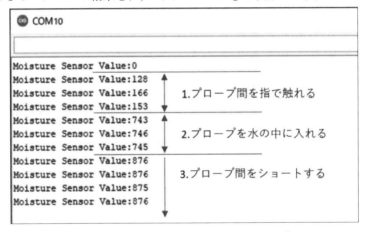

図8-3 「SENO114」の動作確認(シリアルモニタ)

(1)プローブ間を指で触れた場合は、「150」程度の値となっています。
(2)プローブを水の中に入れた場合は、「750」付近の値になっています。
(3)プローブ間をショートした場合は、「880」付近の値になっています。

*

直接水につけた場合でも「750」程度の値になることが分かりました。

　プローブ間をショートすると「880」付近の値になりますが、土壌に使う場合はショートする可能性は限りなく低いことから、**「750」付近が最大値**と考えて問題なさそうです。

＊

　「750」付近の値を取っていた場合、植物の「根腐れ」や「カビ」が生えてしまうなどの原因になりそうです。

　主観になりますが、半田ゴテ用のスポンジを硬めに絞ったものを巻き付けても「700」付近の値になっていたため、「700」で管理しても問題ないように感じました。

＊

　「Arduino」の「5V」は、ダイオード分だけ電圧が低下して「4.84V」程度になるため、アナログ値から電圧値に変換する際は注意が必要です。

　たとえば、「SEN0114」のGNDと「Arduino」のGNDが共通として、「SEN0114」の電源を外部から5V印加した場合は、値が高めに出てしまいます。

＊

　メーカーの配線例を見ると、電源は「Arduino」から「5V」を取っているため、「AD変換値」をそのまま読んでも問題ありません。

■「SDカード」に履歴保存

```
void saveSd(void){

  if( timsave == TIME_UP ){
    timsave = TIM_SAVE;
    myfile = SD.open(filepath,FILE_WRITE);

    if( myfile ){ //ファイルが開けたら書き込む
      myfile.print("time:");
      myfile.print(timcnt);
      myfile.print(" humid:");
      myfile.println(sen0114.humid);
      myfile.close(); //ファイルを閉じる
    }
    ++timcnt;
  }
}
```

              *

「SDカード」に土壌の水分量の履歴を保存するため、タイマーで管理しています。

　土壌は直射日光が当たらない限り乾燥しにくいため、頻繁にタイムアップするような構成にする必要はありません。
（「SDカード」の操作については**第4章**にまとめています）

              *

「SDカード」に履歴を保存することで観葉植物の土壌の様子が分かるため、水やりの最適なタイミングを掴むことができます。

　面倒見が良すぎるあまり、根腐れさせてしまう可能性を軽減できることでしょう。

8-3 動作確認

「SD CARD SHILD」を「Arduino UNO」に挿入して動作確認を行ないます。

「A0」は「SD CARD SHILD」側の「A0」に配線していますが、「SD CARD SHILD」はUNOのピンを延長しているだけなので、配線上は同じです。

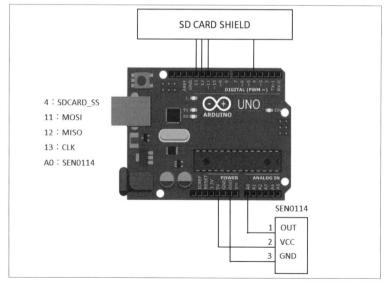

図8-4　動作確認用の回路図

図8-1の観葉植物に水を与えてから計測を開始します。

＊

電源を入れると土壌の水分量の測定を開始し、1分ごとに計測値を「シリアルモニタ」の表示と、「SDカード」に保存します。

＊

図8-5は、30分程度放置して、動作確認を行なった結果です。

図8-5　動作確認の結果

「シリアルモニタ」の表示と同様のデータが、「SDカード」に保存されていることが確認できました。

土壌の水分量は短期間では乾かないことから、計測頻度を落としてもよさそうです。

＊

最適な水やりのタイミングを考えるのは楽しいですが、いつも感覚で水をあげてしまう大雑把な筆者には、このくらいの検証で充分だと感じました。

8-4 ソースコード全体

以下の「ソースコード」はコンパイルして動作確認をしています。

> ※コメントなど細かな部分で間違っていたり、ライブラリの更新などにより動作しなくなったりする可能性はあります。

リスト　全体ソースコード

```
#include <SPI.h>
#include <SD.h>

#define SD_CS 4
#define MEAS_MAX 8
#define TIM_MEAS 10
#define TIM_SAVE 6000
#define TIME_OFF -1 //タイマーを使用しない場合
#define TIME_UP 0 //タイムアップ
#define BASE_CNT 10 //ベースタイマカウント値

struct DIS_MEAN{
  uint8_t wp;
  uint32_t buf[MEAS_MAX];
  uint32_t humid;
};

uint32_t beforetimCnt = millis();
int16_t  timdataget;
int32_t  timsave;
String filepath = "/sample.txt";
File myfile;
DIS_MEAN sen0114;
uint32_t timcnt;

void mainTimer(void);
void mainApp(void);
void saveSd(void);

void setup() {

  Serial.begin(115200);
```

```
  if(!SD.begin(SD_CS)){
    Serial.println("initialization failed!");
    while (1);
  }

  for( uint8_t i=0; i < 10; i++ ){
    timdataget = TIME_UP;
    mainApp();
    delay(100);
  }
}

void loop() {

  mainTimer();
  mainApp();
  saveSd();
}

void mainApp(void){
  uint16_t sum;

  if( timdataget == TIME_UP){
    timdataget = TIM_MEAS;
    sen0114.buf[sen0114.wp] = analogRead(A0);

    if(++sen0114.wp >= MEAS_MAX){
      sen0114.wp = 0;
    }

    sum = 0;
    for(uint8_t i =0; i < MEAS_MAX; i++){
      sum += sen0114.buf[i];
    }

    sen0114.humid = sum >> 3;
    //Serial.print("Moisture Sensor Value:");
    //Serial.println(sen0114.humid);
  }
}
/* SDカード管理 */
```

```
void saveSd(void){

  if( timsave == TIME_UP ){
    timsave = TIM_SAVE;

    myfile = SD.open(filepath,FILE_WRITE);

    if( myfile ){ //ファイルが開けたら書き込む
      myfile.print("time:");
      myfile.print(timcnt);
      myfile.print(" humid:");
      myfile.println(sen0114.humid);
      myfile.close(); //ファイルを閉じる

      Serial.print("time:");
      Serial.print(timcnt);
      Serial.print(" humid:");
      Serial.println(sen0114.humid);
    }
    ++timcnt;
  }
}
/* タイマー管理 */
void mainTimer(void){

  if ( millis() - beforetimCnt >= BASE_CNT ){
    beforetimCnt = millis();

    if( timdataget > TIME_UP ){
      --timdataget;
    }

    if( timsave > TIME_UP ){
      --timsave;
    }
  }
}
```

第9章

「デジタル加速度センサ」の情報を取得

> Arduino の「Wire(SPI)」を使うと、「加速度センサ」(ADXL345)の「加速度」や「タップ情報」などを取得できます。
> 本章では、「ADXL345」のライブラリを流用して、「加速度センサ」の情報を「FIFO機能」を使って取得する方法をまとめました。

9-1 使用するセンサ

「ADXL345モジュール」(秋月電子)を使って加速度を取得します。

また、「FIFO機能」を使うため、一部関数を追加しています。

図9-1 「ADXL345モジュール」で加速度を取得する

9-2 | 「加速度センサ」の「ライブラリ」を使う

「ADXL345」の製造元の、アナログデバイセズのHPで提供されている「ライブラリ」を使ってもいいのですが、今回は「Seeed Studio」が提供している「Accelerometer ADXL345 ライブラリ」を使います。

「Seeeduino」用ですが、Arduino環境で作られているため、「UNO」でも使うことができます。

■「ADXL345」のライブラリについて

「Arduino IDE」を使って、「ライブラリ」をインストールして追加します。

*

「Arduino IDE」の「スケッチ欄」から[ライブラリをインクルード]を選択すると、[ライブラリを管理]の項目が表示されるので、クリックして[ライブラリマネージャ]に遷移します。

*

[ライブラリマネージャ]の検索欄に「ADXL」を入力すると、候補として「ADXL」に関するライブラリが表示されます。

「Accelerometer ADXL345」を選択してインストール。

ライブラリ関数で設定できる項目については下記記事にまとめています。

Seeeduino XIAO でデジタル加速度センサの情報を取得
https://smtengkapi.com/engineer-seeeduino-adxl345

■「ADXL345」の「FIFO」を使う

「ADXL345」の「FIFOモード」は、「32レベル」(32個のデータを保管できる)の機能で、「ホスト・プロセッサ」の負荷を低減可能です。

詳細はデータシートで確認できます

アナログデバイセズ：MEMS加速度センサ ADXL345
https://www.analog.com/jp/products/adxl345.html

*

「FIFOモード」には、4つの「モード」があります。

表9-1 「ADXL345」の「FIFOモード」

モード	説 明
バイパス	「FIFO」は動作せず空のまま(データを保管しない)
FIFO	測定データが「FIFO」に格納される。「FIFO_CTLレジスタ」の「Samplesビット」で指定した値以上になると、「ウォーターマーク割り込み」の条件となり、満杯(32個のデータ)になった時点で、データの収集を停止する。
ストリーム	測定データが「FIFO」に格納される。「FIFO_CTLレジスタ」の「Samplesビット」で指定した値以上になると、「ウォーターマーク割り込み」の条件となる。「FIFO」が満杯(32個のデータ)のときは古いデータを破棄して保管する。
トリガ	「FIFO」は指定された割り込みピンの状態と連動して32個の測定サンプルを保持。「FIFO_CTLレジスタ」の「Triggerビット」によって選択されたピンがセットされると、「Samplesビット」で指定した値の分のデータを保存してFIFO動作し、満杯でない限りデータを保管する。

本書では「ストリームモード」を実装しています。

「ウォーターマーク割り込み」が発生したとき、保管したデータの平均値をとって加速度のデータとして採用するようにしています。

■「FIFOモード」を操作する関数を実装する

「FIFOモード」の実装はスケッチ例の「ADXL345_demo_code」では使われていない機能です。

「FIFO_CTL」と「FIFO_STATUSレジスタ」は「ADXL345.h」に実装されていないため追加で実装します(「ライブラリ」の更新で実装される可能性があります)。

「Arduinoファイル」に次の定義を追加します。

```
#define ADXL345_FIFO_MODE_BYPASS     0x00
#define ADXL345_FIFO_MODE_FIFO       0x40
#define ADXL345_FIFO_MODE_STREAM     0x80
#define ADXL345_FIFO_MODE_TRG        0xC0
#define ADXL345_DEVICE (0x53)     // ADXL345 device address
```

「#define」部分に「FIFO」のモードを設定するための宣言をしています。

「FIFO_CTLレジスタ」を設定するとき、引数として指定する際に使います。

＊

「ADXL345_DEVICE」は、「Wire」で指定する「スレーブアドレス」です。
追加実装する関数は以下の通りです。

表9-2 追加実装する関数と説明

追加実装する関数	説　明
getAcceleration2(引数1,引数2)	加速度の計算と補正。 引数1に計算後の「加速度データ」を格納するアドレスを指定する。 引数2に補正する前の「加速度データ」のアドレス。
getdataread(引数1,引数2,引数3)	指定したアドレスに対しデータを読み込む。 引数1に読み込み対象のアドレスを指定する。 引数2に読み込むデータ数を指定する。 引数3に読み込んだデータを格納するアドレスを指定する。
getFiFobyte()	「FIFO_CTLレジスタ」の内容を「戻り値」で返す。
getFiFoStatusbyte()	「FIFO_STATUSレジスタ」の内容を「戻り値」で返す。
getTapSourcebyte()	「ACT_TAP_STATUSレジスタ」の内容を「戻り値」で返す。
setFiFobyte(引数1,引数2)	引数1に「FIFOモード」に関する定義を指定する。 追加した「ADXL345_FIFO_MODE_STREAM」などを指定する。 引数2に「FIFO_CTL」内の「samples」の値を指定する。

＊

「Arduinoファイル」に処理を追加します。

```
void getdataread(uint8_t adr, uint8_t sz, uint8_t* data){

  Wire.beginTransmission(ADXL345_DEVICE); // start
transmission to device
  Wire.write(adr);                // sends address to read
from
  Wire.endTransmission();           // end transmission
  Wire.requestFrom(ADXL345_DEVICE, sz);   // request 6
bytes from device

  for( uint8_t i=0; i < sz; i++ ){
    *data = Wire.read(); //lenぶんだけデータをリードする
    ++data;
  }
}
```

```
//使用例
/* FiFoデータの読み出し */
uint8_t getFiFobyte(void){
  uint8_t val;

  getdataread(ADXL345_FIFO_CTL, 1, &val);
  return val;
}
```

　レジスタの値を読み込む際に共通して使う「getdataread()関数」について説明します。

＊

　「Wireライブラリ」のメンバー関数である「beginTransmisson()関数」で初期化を行ない、「スレーブアドレス」をセット。

＊

　「write()関数」でレジスタのアドレスをセットします。

＊

　「endTransmisson()関数」で、「スタート・コンディション」から「ストップ・コンディション」までを含めたデータを送信。

＊

　「requestFrom()関数」でスレーブから指定した数のデータを取得。

＊

　「read()関数」で取得したデータを読み込みます。

＊

　「getFiFobyte()」を使用例として説明しましょう。

　「getdataread()」の第1引数に「FIFO_CTLレジスタ」のアドレスを指定します。
　第2引数に読み込むデータ数を指定しますが、レジスタは1バイトなので1を指定します。
　第3引数に読み込んだデータを格納するアドレスを指定。
　第3引数で指定した変数に読み込んだデータが格納されるので、「戻り値」にセットしています。

```
void setFiFobyte(byte mode, byte smp){
  uint8_t fifo_ctl;

  fifo_ctl |= mode & 0xC0;
  fifo_ctl |= smp & 0x1F;

  Wire.beginTransmission(ADXL345_DEVICE); // start
transmission to device
  Wire.write(ADXL345_FIFO_CTL);
  Wire.write(fifo_ctl);
  Wire.endTransmission();
}
```

「FIFOレジスタ」を操作するために、「setFiFobyte()関数」を実装します。

第1引数はモード選択の「ビット値」(「#define」で定義している「ADXL345_FIFO_MODE_STREAM」など)を指定、**第2引数**は「FIFO」で保管するデータ数を指定します。

＊

「FIFO_CTLレジスタ」において、必要なビット部分を変更するために引数で指定した値が他のビットに影響しないように、「論理積」を取ってマスクしてから「論理和」をとっています。

＊

「Wireライブラリ」のメンバー関数である「beginTransmisson()関数」で初期化を行ない、「スレーブアドレス」をセット。
「write()関数」でレジスタのアドレスをセットします。

＊

続けて、任意のデータを「write()関数」でセットし、最後に「endTransmission()関数」で「スタート・コンディション」から「ストップ・コンディション」までを含めたデータを送信します。

■「FIFO」使用時のデータを換算する

「FIFO」を使うと、測定データを読み込むまで保管できるのがメリットです。

たとえば、8回分のデータの平均値を使って「加速度データ」に換算するようなことができるようになります。

*

スケッチ例の「ADXL345_demo_code」で使っている、「getAcceleration()」は瞬時値を換算するようになっているため、「FIFO」のように複数回取得したデータを変換するのには使いにくい部分があります。

*

データシートの「2.5V以外の電圧での動作」を確認すると、感度の変化による影響が記載されています。

データシートをもとに、「加速度」のデータを補正する関数を追加しました。

```
void getAcceleration2(double* accelxyz, int* xyz){
  accelxyz[0] = ( xyz[0] * 3.9 * ((double)256 / 265)) /
1000;
  accelxyz[1] = ( xyz[1] * 3.9 * ((double)256 / 265)) /
1000;
  accelxyz[2] = ( xyz[2] * 3.9 * (1)) / 1000;
}
```

どのレンジにおいても「3.9mg/LSB」であることや、「3.3V」の電源電圧で動作するときは、「2.5V」時の「256LSB/g」が「265LSB/g」に変化することを考慮して換算しています。

■「FIFO」の使用例

「FIFOモード」をストリームに設定して、8回分のデータをストックして平均値を計算してから「加速度」のデータに変換します。

```
void setup(){
  setFiFobyte(ADXL345_FIFO_MODE_STREAM, G_DATA_MAX); //
FIFO_CTLの設定(ストリーム)
}

void loop(){
  if( digitalRead(PIN_DI2) ){ //INT2 DATA_READ
    int2src = adxl.getInterruptSource();
```

```
   if( int2src & INT_WATERMARK_BIT_MASK){ //ウォーターマーク
割り込みが発生
      Adxl345Rcv();
   }
  }
}
```

「FIFO_CTLレジスタ」に、「ストリームモード」で動作するように初期設定を行なっています。

「FIFOモード」では「ウォーターマーク割り込み」の発生によって、指定した回数ぶんのデータが格納されたことが分かります。

```
void Adxl345Rcv(){
  int xyz[3];
  int sumxyz[3];
  byte i;
  byte cnt;

  cnt = adxl.getFiFoStatusbyte() & 0x3F;  //ウォーターマーク割
り込み発生時のデータ数

  sumxyz[0] = 0;
  for( i=0;i < cnt; i++){
    adxl.readAccel(&xyz[0]);
    sumxyz[0] += xyz[0]; //平均をとるために合計を計算
  }

  sumxyz[0] = sumxyz[0] >> 3; //3回シフト8で割るのと同じ
  adxl.getAcceleration2( &xyzData[0], &sumxyz[0]); //XYZの加
速度の取得
}
```

「ウォーターマーク割り込み」が発生する条件を8回としているので、割り込みが発生するタイミングはデフォルトであれば「100Hz」ごとに測定するため、「80ms」経過後です。

上の例では、レジスタ値を読み込んで「cnt値」ぶんだけ合計値を計算したあ

とで、シフト演算で平均値を算出しています。

> ※合計を「右に3回シフト」することは、「8で割る」のと同じことです。
> 「ビットシフト」を使うことで、処理を高速化できます。
> そのため「2の倍数」を指定することが有効です。

平均値を算出した後は、追加した「getAcceleration2()」を使って「加速度」の
データに変換しています。

9-3 動作確認

「Arduino」と「ADXL345」の配線例を示しています。

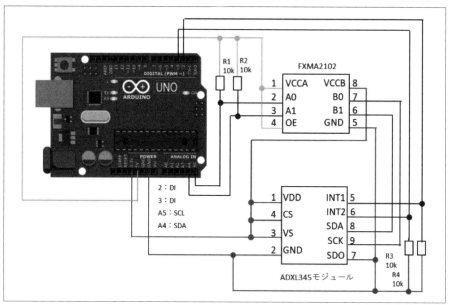

図9-2 「Arduino」で「ADXL345」の動作を確認

*

「ADXL345」は「DC2.5V(DC3.3V)」の電源で動作するモジュールであるため、
「Arduino」の「5V」を直接印加できません。

*

「Arduino」から「ADXL345」に向かう信号については、「レベル変換IC」

（FXMA2102）を使っています。

また、「**ADXL345モジュール**」には、プルアップ抵抗が実装されているため、
「**FXMA2102**」間のプルアップ抵抗は必要ありません。

＊

「Arduino IDE」のシリアルモニタには、「XYZ」の軸の加速度を表示するよう
にしています。

「ウォーターマーク割り込み」が発生した段階（80msごと）で表示が更新され
てしまうため、タップ情報などを確認する際は表示部分をコメントアウトして
確認しました。

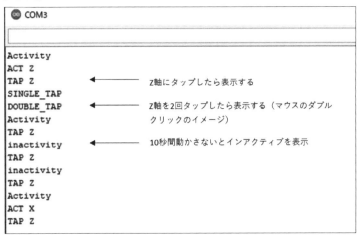

図9-3 「ADXL345」のイベント確認

「Arduino IDE」の「シリアルプロッタ」を使って、加速度の変化が分かるよう
に表示しました。

> ※「シリアルモニタ」と「シリアルプロッタ」は同時には使用できません。
> 「シリアルプロッタ」を使う場合は、ソースコード全体の「#define MONITER_
> USE」をコメントアウトすると表示できます。

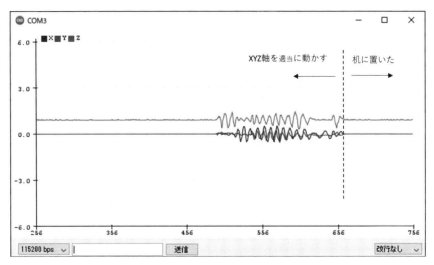

図9-4 「シリアルプロッタ」による加速度の動作確認

　「シリアルプロッタ」による結果を確認すると、「加速度センサ」を動かしていると「XYZ軸」の値が変化していることが分かります。

　机に置いて動かさないようにすると、「加速度」の動きが安定していることから、うまく検出できていることが分かりました。

9-4　ソースコード全体

以下の「ソースコード」はコンパイルして動作確認をしています。

> ※コメントなど細かな部分で間違っていたり、ライブラリの更新などにより動作しなくなったりする可能性はあります。

リスト　全体ソースコード

```
#include <Wire.h>
#include <ADXL345.h>

#define INT_DATA_READY_BIT_MASK 0x80
#define INT_SINGLE_TAP_BIT_MASK 0x40
#define INT_DOUBLE_TAP_BIT_MASK 0x20
#define INT_ACTIVITY_BIT_MASK   0x10
#define INT_INACTIVITY_BIT_MASK 0x08
#define INT_FREE_FALL_BIT_MASK  0x04
#define INT_WATERMARK_BIT_MASK  0x02
#define INT_OVERRUNY_BIT_MASK   0x01

#define ADXL345_FIFO_MODE_BYPASS    0x00
#define ADXL345_FIFO_MODE_FIFO      0x40
#define ADXL345_FIFO_MODE_STREAM    0x80
#define ADXL345_FIFO_MODE_TRG       0xC0

#define ACT_TAP_ACT_X 0x40
#define ACT_TAP_ACT_Y 0x20
#define ACT_TAP_ACT_Z 0x10
#define ACT_TAP_TAP_X 0x04
#define ACT_TAP_TAP_Y 0x02
#define ACT_TAP_TAP_Z 0x01

#define ADXL345_DEVICE (0x53)     // ADXL345 device address

#define PIN_DI1 2
#define PIN_DI2 3
#define G_DATA_MAX 8

#define MONITER_USE //シリアルプロッタを使用する場合はコメントアウ
ト
```

```
// application use
ADXL345 adxl;
uint16_t cnt;
uint16_t cnt2;
uint8_t di1;
uint8_t di2;
byte intsrc;      //割り込みイベント
byte intsrc2;     //アクティブまたはタップイベントの内容
byte int2src;
byte fifostatus;
byte test;
double xyzData[3]; //XYZの加速度のデータ

/*** Local function prototypes */
void InitAdxl345(void);
void Adxl345Rcv(void);
void Adxl345Data(void);
void getAcceleration2(double* accelxyz, int* xyz);
void getdataread(uint8_t adr, uint8_t sz, uint8_t* data);
uint8_t getFiFobyte(void);
uint8_t getFiFoStatusbyte(void);
uint8_t getTapSourcebyte(void);
void setFiFobyte(byte mode, byte smp);

void setup(){

  Wire.begin();
  Serial.begin(115200);
  pinMode(PIN_DI1,INPUT);
  pinMode(PIN_DI2,INPUT);

  InitAdxl345();
}

void InitAdxl345(void){
  byte dmy;

  adxl.powerOn();

  //set activity/ inactivity thresholds (0-255)
  adxl.setActivityThreshold(75); //62.5mg per increment 75
```

```
  adxl.setInactivityThreshold(75); //62.5mg per increment
  adxl.setTimeInactivity(10); // how many seconds of no
activity is inactive?

  //look of activity movement on this axes - 1 == on; 0 ==
off
  adxl.setActivityX(1);
  adxl.setActivityY(1);
  adxl.setActivityZ(1);

  //look of inactivity movement on this axes - 1 == on; 0
== off
  adxl.setInactivityX(1);
  adxl.setInactivityY(1);
  adxl.setInactivityZ(1);

  //look of tap movement on this axes - 1 == on; 0 == off
  adxl.setTapDetectionOnX(0);//0
  adxl.setTapDetectionOnY(0);//0
  adxl.setTapDetectionOnZ(1);//1

  //set values for what is a tap, and what is a double tap
(0-255)
  adxl.setTapThreshold(50); //62.5mg per increment
  adxl.setTapDuration(15); //625us per increment
  adxl.setDoubleTapLatency(80); //1.25ms per increment
  adxl.setDoubleTapWindow(200); //1.25ms per increment

  //set values for what is considered freefall (0-255)
  adxl.setFreeFallThreshold(7); //(5 - 9) recommended -
62.5mg per increment
  adxl.setFreeFallDuration(45); //(20 - 70) recommended
- 5ms per increment 45

  adxl.setRangeSetting(2); //4g Range
  setFiFobyte(ADXL345_FIFO_MODE_STREAM, G_DATA_MAX); //
FIFO_CTLの設定(ストリーム)

  //setting all interrupts to take place on int pin 1
  //I had issues with int pin 2, was unable to reset it
  adxl.setInterruptMapping( ADXL345_DATA_READY,    ADXL345_
```

```
INT2_PIN );
  adxl.setInterruptMapping( ADXL345_INT_SINGLE_TAP_BIT,
ADXL345_INT1_PIN );
  adxl.setInterruptMapping( ADXL345_INT_DOUBLE_TAP_BIT,
ADXL345_INT1_PIN );
  adxl.setInterruptMapping( ADXL345_INT_FREE_FALL_BIT,
ADXL345_INT1_PIN );
  adxl.setInterruptMapping( ADXL345_INT_ACTIVITY_BIT,
ADXL345_INT1_PIN );
  adxl.setInterruptMapping( ADXL345_INT_INACTIVITY_BIT,
ADXL345_INT1_PIN );

  //register interrupt actions - 1 == on; 0 == off
  adxl.setInterrupt( ADXL345_DATA_READY, 1);
  adxl.setInterrupt( ADXL345_INT_SINGLE_TAP_BIT, 1);
  adxl.setInterrupt( ADXL345_INT_DOUBLE_TAP_BIT, 1);
  adxl.setInterrupt( ADXL345_INT_FREE_FALL_BIT,  1);
  adxl.setInterrupt( ADXL345_INT_ACTIVITY_BIT,   1);
  adxl.setInterrupt( ADXL345_INT_INACTIVITY_BIT, 1);

  memset(&xyzData,0, sizeof(xyzData));
  delay(100); //初期時にデータを格納してスタート
  dmy = adxl.getInterruptSource(); //ダミーで割り込みビットをク
リア
  Serial.println("ok");
}

void loop(){

  if( digitalRead(PIN_DI1) ){ //INT1
    intsrc2 = getTapSourcebyte();
    intsrc = adxl.getInterruptSource();

    #ifdef  MONITER_USE
    if( intsrc & INT_SINGLE_TAP_BIT_MASK){
      Serial.println("SINGLE_TAP");
    }

    if( adxl.isActivitySourceOnX()){
      Serial.println("SINGLE_TAP");
    }
```

```
if( intsrc & INT_DOUBLE_TAP_BIT_MASK){
  Serial.println("DOUBLE_TAP");
}

if( intsrc & INT_ACTIVITY_BIT_MASK){
  Serial.println("Activity");
}

if( intsrc & INT_INACTIVITY_BIT_MASK){
  Serial.println("inactivity");
}

if( intsrc & INT_FREE_FALL_BIT_MASK){
  Serial.println("FREE_FALL");
}

if( intsrc2 & ACT_TAP_ACT_X ){
  Serial.println("ACT X");
}

if( intsrc2 & ACT_TAP_ACT_Y ){
  Serial.println("ACT Y");
}

if( intsrc2 & ACT_TAP_ACT_Z ){
  Serial.println("ACT Z");
}

if( intsrc2 & ACT_TAP_TAP_X ){
  Serial.println("TAP X");
}

if( intsrc2 & ACT_TAP_TAP_Y ){
  Serial.println("TAP Y");
}

if( intsrc2 & ACT_TAP_TAP_Z ){
  Serial.println("TAP Z");
}
#endif
```

```
  }

  if( digitalRead(PIN_DI2) ){ //INT2
    int2src = adxl.getInterruptSource();

    if( int2src & INT_WATERMARK_BIT_MASK){ //ウォーターマーク
割り込みが発生
      Adxl345Rcv();
    }
  }
}
/* センサ情報取得 */
void Adxl345Rcv(void){
  int xyz[3];
  int sumxyz[3];
  byte i;
  byte cnt;

  cnt = getFiFoStatusbyte() & 0x3F; //ウォーターマーク割り込み
発生時のデータ数
  if( cnt > G_DATA_MAX){
    cnt = G_DATA_MAX;
  }

  sumxyz[0] = 0;
  sumxyz[1] = 0;
  sumxyz[2] = 0;

  for( i=0;i < cnt; i++){
    adxl.readAccel(&xyz[0]);
    sumxyz[0] += xyz[0]; //平均をとるために総数を計算
    sumxyz[1] += xyz[1];
    sumxyz[2] += xyz[2];
  }

  sumxyz[0] = sumxyz[0] >> 3; //3回シフト8で割るのと同じ
  sumxyz[1] = sumxyz[1] >> 3;
  sumxyz[2] = sumxyz[2] >> 3;

  getAcceleration2( &xyzData[0], &sumxyz[0]); //XYZの加速度の
取得
```

```
#ifndef  MONITER_USE
Serial.print("X:");
Serial.print(xyzData[0]);
Serial.print(",");
Serial.print("Y:");
Serial.print(xyzData[1]);
Serial.print(",");
Serial.print("Z:");
Serial.print(xyzData[2]);
Serial.println("");
#endif
}
/* 加速度の計算 */
void getAcceleration2(double* accelxyz, int* xyz){
  accelxyz[0] = ( xyz[0] * 3.9 * ((double)256 / 265)) /
1000;
  accelxyz[1] = ( xyz[1] * 3.9 * ((double)256 / 265)) /
1000;
  accelxyz[2] = ( xyz[2] * 3.9 * (1)) / 1000;
}
/* FiFoの設定 */
void setFiFobyte(byte mode, byte smp){
  uint8_t fifo_ctl;

  fifo_ctl |= mode & 0xC0;
  fifo_ctl |= smp & 0x1F;

  Wire.beginTransmission(ADXL345_DEVICE); // start
transmission to device
  Wire.write(ADXL345_FIFO_CTL);
  Wire.write(fifo_ctl);
  Wire.endTransmission();
}
/* データの読み出し */
void getdataread(uint8_t adr, uint8_t sz, uint8_t* data){

  Wire.beginTransmission(ADXL345_DEVICE); // start
transmission to device
  Wire.write(adr);                        // sends address to read
from
```

```
  Wire.endTransmission();           // end transmission
  Wire.requestFrom(ADXL345_DEVICE, sz);    // request 6
bytes from device

  for( uint8_t i=0; i < sz; i++ ){
    *data = Wire.read(); //lenぶんだけデータをリードする
    ++data;
  }
}
/* FiFoデータの読み出し */
uint8_t getFiFobyte(void){
  uint8_t val;

  getdataread(ADXL345_FIFO_CTL, 1, &val);
  return val;
}
/* FiFoステータスの読み出し */
uint8_t getFiFoStatusbyte(void){
  uint8_t val;
  getdataread(ADXL345_FIFO_STATUS, 1, &val);
  return val;
}
/* TAP情報の読み出し */
uint8_t getTapSourcebyte(void){
  uint8_t val;
  getdataread(ADXL345_ACT_TAP_STATUS, 1, &val);
  return val;
}
```

第10章

「人感センサ」を組み込み、ブザーで通知

「Arduino」と「人感センサ」を組み合わせることで、人体を感知して通知するシステムを作ることができます。
人感センサが人体を感知したとき、LEDを「点灯/消灯」させると同時にブザーを鳴らす「人感センサモジュール」を製作して動作確認しました。

10-1 人感センサの使い方

人感センサは、「SB612A」(秋月電子)を使っています。
人体感知用に開発された「集電センサモジュール」であり、動作確認しやすいようにボード化されています。

人感センサとは、「PIR」(Passive Infrared Ray)と表現される、周囲の赤外線の変化によって人間の接近を感知するセンサです。

■「SB612A」の使い方

「人感センサ」の「1ピン」に電源を供給するためにArduinoの「DC5V」を接続し、「3ピン」をArduinoの「GND」に接続します。
「人感センサ」の「2ピン」から感知信号が出力されるため、Arduinoの「DI」に接続します。
電源はモジュール内にコンバータが内蔵されているため、「DC3.3V」から「DC12V」まで印加できます。
「SB612A」の出力は、「CMOS出力」または「オープンコレクタ出力」を選択できます。今回は「CMOS出力」を「DI」に接続しています。

Arduinoでは「DC3.3V」を「HIGH」と認識できるため、「CMOS」で受けても問題になりません。

「DC5Vマイコン」などで「VIH」が「3.3V」以上になる場合は、「オープンコレクタ出力」を利用して、感知信号を取得できます。

＊

回路図の「オープンコレクタ出力」使用時の接続例を、枠で囲んだ部分に入れています。

「VOUT」が「HIGH」になると、接続先の「DI」は「LOW」になるため注意が必要です。

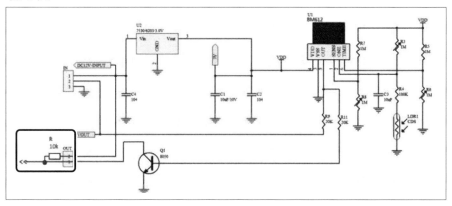

図10-1　「SB612A」の回路図(引用：SB612Aのデータシート〈Schematic Diagram〉)

■調整できる項目

「SB612A」では、調整できる項目が3つあります。

・感度調整(SENS)
・調光(DARK_ADJ)
・遅延時間調整(DELAY_TIME)

「SB612A」内部のセンサドライバである、「BM612」に入力する電圧を「可変抵抗」で分圧して調整します。

抵抗を、表面から見て反時計回りに回すと「可変抵抗」の抵抗が大きくなります。

図10-2　人感センサ「SB612A」

●感度調整(SENS)

「BM612」の「SENS」に入力する電圧(PIR信号を検出するための閾値)を調整します。

・「1MΩ」と「可変抵抗」で分圧することで閾値が決まります。
・「VSS」は最小の閾値で、「VDD/4」が最大の閾値です。
・「SENS」の値が大きいほど「**PIR」の信号検出の感度が低く**なります。

●調光(DARK_ADJ)

「BM612」の「OEN」に入力する電圧を調整します。

　「OEN電圧」が「LOW」から「HIGH」に立ち上がる際、「0.4VDD (1.2V)」より高い場合に検出して「VOUT」が有効になります。
　「HIGH」から「LOW」に立ち下がる場合は、「0.2VDD (0.6V)」よりも低い場合に「VOUT」が無効になります。

　「OEN」の調整は、分圧の関係から可変抵抗を高くすると電圧が低くなるため、「VOUT」が出力しにくくなります。
　抵抗を高くするほど、**明るい場所での感度が鈍く**なります。

●遅延時間調整(DELAY_TIME)

「BM612」の「TIME」に入力する電圧を調整します。

　「TIME」に入力される電圧が低いほど遅延時間は短くなり、「VOUT」を出力する期間が短くなります。

　遅延時間を「10秒」程度にしたい場合は、可変抵抗を「82kΩ程度」に調整することで実現できます。

　データシートの正規化のグラフと表のレンジが異なりますが、表の値が正しそうです。

> ※グラフのほうはレンジが「3600sec」のときに「0.25」にですが、「0.5」の間違いだと思われます。

10-2　人感センサモジュール

　Arduinoに人感センサ「SB612A」を組み込んで、システムを構成しました。
　人体を感知したときブザーとLEDで通知するモジュールです。

■全体構成

　人感センサの出力を、Arduinoの「DI」で受けたあとに、ブザーを鳴らしながらLEDを「点灯/消灯」させて、人感センサが感知したことを通知します。

＊

　電源はArduinoの電源ジャックから電池で供給します。

　LEDは感知の表示に使いますが、電池の消費を抑えるため、「R2」の抵抗で明るさを調整しました。

　手持ちのLEDは「10kΩ」を使っても暗さを感じませんでした。

　暗いと感じる場合は、抵抗を小さくして明るさを調整します。

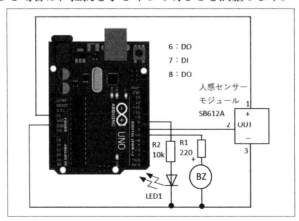

図10-3　「人感センサモジュール」の全体構成

時間遅延は「5秒」程度になるように調整。

抵抗「R1」は、ブザーの音の大きさを抑える目的と、ブザーが短絡故障した場合の保護のために実装しています。

> ※基本的に、ブザーはインピーダンスが高いことが多いので不要という理由もあります。

■製作したモジュール

箱の中にArduinoとブザーなどを収納し、人感センサとLEDを表に出して感知したことが分かるようにしています。

図10-4 「人感センサモジュール」(上：箱入り、下：中身)

10-3 動作確認

自作の箱に収納する前にシリアルモニタに表示にして動作確認しました。

人感センサが感知すると、シリアルモニタに文字を表示するようにしています。

センサに手をかざすとブザーが鳴り、LEDが「点灯/消灯」することが確認できました。

図10-5　シリアルモニタによる動作確認

調光の抵抗を高くしていくと、部屋の照明を落とさないと人感センサが反応しなくなることも確認できています。

「人感センサモジュール」を本棚の上や階段の途中に設置して、通り過ぎたときにブザーが鳴り、LEDが「点灯/消灯」していることが確認できました。

*

LEDやブザーによる消費電流が増えてしまうため、電池の消費を抑えるために短めの時間遅延にしています。

システム構成によって最適な時間を検討できるので、応用範囲は広くなりそうです。

10-4 ソースコード全体

以下のソースコードは、コンパイルして動作確認をしています。

※コメントなど細かな部分で間違っていたり、ライブラリの更新などによって
動作しなくなったりする可能性はあります。

リスト 全体ソースコード

```
#include <MsTimer2.h>

#define TIME_UP 0
#define TIME_OFF -1
#define BASE_CNT 10 //10msがベースタイマとなる
#define FILT_MIN 1
#define DI_FILT_MAX 4
#define LED_ONOFF 20

#define PIN_PULSE 6
#define PIN_DI1 7
#define PIN_DO1 8

struct DIFILT_TYP{
  uint8_t wp;
  uint8_t buf[DI_FILT_MAX];
  uint8_t di1;
};

// application use
int8_t timdifilt = TIME_OFF;
int8_t timled = LED_ONOFF;
DIFILT_TYP difilt;
int8_t cnt10ms;
bool btnflg1;

/*** Local function prototypes */
void TimerCnt();
void mainTimer();
void DiFilter();

void setup() {
```

```
    pinMode(PIN_DI1,INPUT);
    pinMode(PIN_DO1,OUTPUT);
    Serial.begin(115200);

    MsTimer2::set(1,TimerCnt); //1msごとに関数へ遷移
    MsTimer2::start();
    timdifilt = FILT_MIN;

    for( uint8_t i=0; i < 10; i++ ){
      mainTimer();
      DiFilter();
      delay(10);
    }
}

void loop() {

    mainTimer();
    DiFilter();

    if(difilt.di1 == 1){
        if(btnflg1){
            btnflg1 = false;
            Serial.println("Sensor->ok");
            analogWrite(PIN_PULSE,128); //ブザーを鳴らす
        }

        if( timled == TIME_UP ){
            timled = LED_ONOFF;

            if(digitalRead(PIN_DO1)){
                digitalWrite(PIN_DO1,LOW);
            }else{
                digitalWrite(PIN_DO1,HIGH);
            }
        }
    }else{
        btnflg1 = true;
        analogWrite(PIN_PULSE,0); //ブザーを止める
        digitalWrite(PIN_DO1,LOW);
    }
```

```
}
/* callback function add */
void TimerCnt(){
    ++cnt10ms;
}

/* Timer Management function add */
void mainTimer(){

    if( cnt10ms >= BASE_CNT ){
        cnt10ms -=BASE_CNT; //10msごとにここに遷移する

        if( timled > TIME_UP ){
            timled--;
        }

        if( timdifilt > TIME_UP ){
            timdifilt--;
        }
    }
}
/* DiFilter function add */
void DiFilter(){
    uint8_t i;
    bool boo = true;

    if( timdifilt == TIME_UP ){
        difilt.buf[difilt.wp] = digitalRead(PIN_DI1);

        for( i= 1; i < DI_FILT_MAX; i++ ){
            if( difilt.buf[i - 1] != difilt.buf[i] ){
                boo = false;
            }
        }

        if( boo ){
            difilt.di1 = difilt.buf[difilt.wp];
        }

        if( ++difilt.wp >= DI_FILT_MAX ){
            difilt.wp = 0;
```

```
        }

        timdifilt = FILT_MIN;
    }
}
```

「MsTimer2.h」は、標準ライブラリでは実装されていません。
ライブラリマネージャで追加する必要があります。

第**11**章

「音声合成IC」で「音声」を再生する

> 「音声合成IC」である「ATP3011」(アクエスト)は、「シリアル通信」で送信した文字列を「音声データ」に変換して出力することができます。
>
> 本章では、「Arduino UNO」の「シリアル通信」を使って、任意の音声を出力させて動作確認しています。

11-1 使用する「音声合成IC」

「音声合成IC」は「ATP3011M6-PU」(アクエスト製：秋月電子で購入)を使っています。

また、周辺回路で音声を増幅するために、「D級アンプモジュール」として「AE-PAM8012モジュール」(秋月電子)を併用しています。

図11-1 音声合成IC「ATP3011M6-PU」で任意の音声を出力させる

11-2 「Wire(I2C)通信」で音声を再生する

「ATP3011」は、ローマ字で送信した「シリアルデータ」を音声に変換する「音声合成IC」です。

アクエスト社の「音声合成ミドルウェア」である「AquesTalk」を、「Arduino UNO」などで使われているマイコンに搭載しています。

「Arduino UNO」のマイコン(**ATMEGA328P**)を使っているため、「Arduino UNO」の基板のマイコンを置き換えることで、簡単に音声出力が確認できるのが特徴です。

詳細はアクエスト社のHPを確認してください。

AQUEST-音声合成LSI「AquesTalk pico LSI」
https://www.a-quest.com/products/aquestalkpicolsi.html

■「ATP3011シリーズ」を使う

「ATP3011シリーズ」は、マイコン内蔵の発振子で動作するため、外部の発振子は必要ありません。

*

内部クロックは「RCクロック」であるため、電源電圧の変化や温度変化の影響を受けてしまいます。

「UART」(シリアル通信)で音声を再生する場合は正常に動作しないこともあるので、注意が必要です。

> ※データシートでは、クロックの「ボーレート」に影響されにくい「I2C通信」や「SPI通信」を使うことが推奨されています。

*

別のシリーズとして「ATP3012」があり、こちらはクリスタルなどの発振子で動作します。

音声のサンプリングが滑らかになるため音声の質が良くなり、電源電圧の変

化や温度変化の影響を受けにくくなりますが、発振子など部品点数が増えてし
まうデメリットがあります。

＊

2つのシリーズを比較すると、「ATP3012シリーズ」のほうが音声が聞き取り
やすいと感じていますが、「ATP3011」でも音声が聞き取りにくいことはあり
ません。

なので、部品点数を減らしたいのなら「ATP3011」を選択し、少しでも音声
を明瞭にしたい場合は「ATP3012」を選択するといいと思います。

今回使うピンは以下の通りです。

表11-1 「ATP3011M6」で使うピンの機能まとめ

ピン番号	機　能	内　　容
4	SMOD0	動作モードを選択します。 「SMOD0」を「GND」に接続すると、「I2C通信」が選択される。
12	AOUT	音声出力端子。 「D級アンプモジュール」で信号を増幅して音声再生する。 スピーカーの容量(インピーダンスが高い)によっては、直付け可能。
13	/PLAY	発音中に「LOW」になる。 音声再生待機中は「HIGH」になるため、「HIGH」になるのを確認して再生ス タートする。
27	SDA	I2Cデータ入出力ポート(プルアップが必要)
28	SCL	I2Cクロック出力ポート(プルアップが必要)

＊

今回は「Wire (I2C)」を使っていますが、「SPI」や「シリアル通信」でも音声再
生することが可能です。

「ATP3011シリーズ」の内蔵クロックは使用環境の影響を受けやすいため、
SCLのクロックに同期して動作する「Wire (I2C)」や「SPI通信」がお勧めです。

■「Wire」の設定

```
#include <Wire.h>

void setup() {
    Wire.begin(); //begin()内にアドレスを入れるとスレーブになる
    //Wire.setClock(100000); // クロック周波数を設定する場合にセッ
ト初期は100kHz
    }
```

「I2C」を使う場合は、初めに「Wire.h」をインクルードします。

初期化関数内で「begin()関数」の引数の有無によって、「マスター」で動作するか「スレーブ」で動作するかが決まります。

引数で「スレーブアドレス」を指定すると「スレーブ」として動作を開始します。

「マスター」として使うため、引数はなしとします。

> ※クロックは設定しなければ、初期条件(「ライブラリ」のソースコードを確認すると、「クロック周波数」が「100kHz」になっている)となります。
> 　指定した値に近似した値が「クロック周波数」になりますが、誤差が大きくなると「通信エラー」の原因になるため、注意が必要です。

「I2C」による信号はプルアップする抵抗値にも影響するため、クロックを速く設定しすぎると波形が鈍ってしまうこともあります。
特に意識せず「100kHz」で充分でしょう。

■音声再生の方法

```
void CmdSet(uint8_t no ){
  Wire.beginTransmission(SLAVE_ADRS); //スレーブが存在するか確認
  byte error = Wire.endTransmission();

  if( error == 0){
    Wire.beginTransmission(SLAVE_ADRS); //スタート・コンディ
ションの発行
    Wire.print("ohayougozaima_su.¥r");
    Wire.endTransmission(); //ストップ・コンディションの発行
  }
  else{
    //NGの場合の処理
  }
}
```

　最初に「スレーブ」が存在するか確認を行ない、正常であれば「error」が「0」に
なるため内部の処理を行ないます。

　「スレーブ」が存在しない場合、もしくは「エラー」を監視したい場合は、「NG」
の場合の処理を追加します。

＊

　正常な場合は、「beginTransmission()関数」で初期化と「スレーブアドレス」
をセットします。

　「print()関数」で音声のフォーマットに従った文字列をセットします。
　音声再生の判断は「¥r」（改行コード）で行なわれるため、文字列の末端に「¥r」
をつける必要があります。

　すべてのデータをセットしたら、「endTransmission()関数」で「スタート・コ
ンディション」から「ストップ・コンディション」までを含めたデータを送信す
るとセットした文字列の音声が再生されます。

> ※「Arduino」の「Wire」は「32バイト」までしか送信できないため、発生させる文字
> 列が長い場合は分割して送信する必要があります。

＊

「Wire」で分割しても、「ATP3011」は「127バイト」までの指定となるため、文字列が「127バイト」以下になるように音声データを構成する必要があります。

長い文字列を再生したい場合は、「127バイト」以下の音声を連続して発生させるようにします。

■よく使う音声記号

今回使った「アクセント」や「区切り」の記号についてまとめました。
「音声記号」の仕様はデータシートに記載されているものを一部抜粋してまとめています。

表11-2 「ATP3011」でよく使う音声記号まとめ(データシート抜粋)

記 号	内 容
. (0x2E)	無音区間が入り、文の終わりを示す。
? (0x3F)	無音区間が入り、文の終わりとなるが文末の声が高めになる。
; (0x3B)	次のアクセントを高い音で始める。
/ (0x2F)	アクセントの区切りを指定する。
' (0x27)	アクセント記号で音の高さが「高→低」に変化する部分につける。
_ (0x5F)	母音の「i」「u」を、振動を伴わずに発音させる。 データシートの読み記号表に定義されている音のみ対応。

音声記号は半角文字で指定します。

文字の横の()内の値は、記号に対応した「アスキーコード」(テキスト)を16進数で示したものです。

```
//音声パターンの例
Wire.print("yorosiku;onegaisima_su.¥r");
Wire.print("genki+desuka? ¥r");
Wire.print("konban'wa.¥r");
```

「アクセント記号」を付けない場合は棒読みになってしまいますが、下手に「アクセント記号」を付けると棒読みよりもイントネーションがおかしくなり、不自然な音声になってしまいます。

＊

音声記号やアクセント記号をまだ使いこなせていないため、音声がぎこちな

い感じになっていますが、うまく使えるようになると聞き取りやすい音声パターンが作れそうです。

11-3 動作確認

「SW1」で音声のパターンを切り替えます。

「SW1」を押すと音声を再生。音声再生中に「SW1」を押すと音声を停止します。

*

「ATP3011M6」の12ピンのAOUT部分にノイズ除去のために、「R1」と「C2」を実装。

「C2」は「0.047uF」程度がデータシートで回路例として示されていますが、手持ちのものがなかったため、「0.1uF」で代用しています。

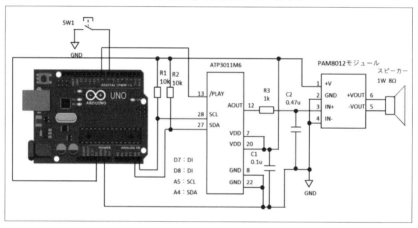

図11-2 動作確認用の回路図

「Wire(I2C)通信」で使う入出力ポートには「プルアップ抵抗」が必要ですが、「スレーブ」となるデバイスの仕様で規定されている値を使います。

「Arduinoライブラリ」のデフォルト(クロック周波数100kHz)程度であれば、「5k～10kΩ」の抵抗を実装するといいでしょう。

音声のボリュームを調整したい場合は、「C2」より「PAM8012モジュール」側

に「可変抵抗」を入れて信号電圧を調整するといいと思います。

＊

スピーカーのインピーダンスが高いものであれば直接接続することもできますが、大きな音を出したい場合はインピーダンスが低い「8Ω」または「4Ω」のスピーカーを接続する場合があります。

> ※インピーダンスが低いスピーカーを接続すると電流を多く引っ張る必要があるため、直接接続するとマイコンに負担がかかり、注意が必要です。

インピーダンスが低いスピーカーで大きな音を出したい場合は、アンプを使って「ATP3011」の音声出力を信号増幅する必要があります。

今回は「PAM8012」を使って信号を増幅しています。

「PAM8012」は負荷が「8Ω」であれば最大で「2W」の出力が可能な、「D級アンプモジュール」です。

＊

「SW1」を押すと音声が再生されるのを確認しました。

また音声を再生中に「SW1」を押すと再生中の音声が停止することも確認できています。

＊

「ATP3011M6」は男性の声で音声が再生されますが、声が低めで聞き取りにくく感じることがありました。

同一シリーズで「F4」があり、音声を確認しましたが、女性の声で高めの声でした。

11-4 ソースコード全体

以下の「ソースコード」はコンパイルして動作確認をしています。

> ※コメントなど細かな部分で間違っていたり、ライブラリの更新などによって
> 動作しなくなったりする可能性はあります。

リスト 全体ソースコード

```
#include <Wire.h>

#define PIN_DI1 7
#define PIN_PLAY 8
#define DI_FILT_MAX 4
#define TIME_UP 0
#define TIME_OFF -1
#define BASE_CNT 10 //10msがベースタイマとなる
#define FILT_MIN 1
#define SLAVE_ADRS 0x2E

struct DIFILT_TYP{
  uint8_t wp;
  uint8_t buf[DI_FILT_MAX];
  uint8_t di1;
};

DIFILT_TYP difilt;
uint32_t beforetimCnt = millis();
int8_t timdifilt = TIME_OFF;
int8_t cnt10ms;
bool btnflg1;
uint8_t talkcnt;

/*** Local function prototypes */
void TimerCnt(void);
void mainTimer(void);
void DiFilter(void);
void CmdSet(uint8_t no );

void setup() {

  pinMode(PIN_PLAY,INPUT_PULLUP);
```

```
  pinMode(PIN_DI1,INPUT_PULLUP);

  Wire.begin();
  Serial.begin(11500);

  //Serial.print("konnitiwa.¥r");
  timdifilt =TIME_UP;
}

void loop() {

  mainTimer();
  DiFilter();

  if(difilt.di1 == 0){
    if(btnflg1){
      btnflg1 = false;

      if( digitalRead(PIN_PLAY)){
        CmdSet(talkcnt);

        if( ++talkcnt >= 2 ){
          talkcnt = 0;
        }
      }
      else{
        CmdSet(0xFF);
      }
    }
  }
  else{
    btnflg1 = true;
  }
}
/* Wireによるｺﾏﾝﾄﾞ送信 */
void CmdSet(uint8_t no ){

  Wire.beginTransmission(SLAVE_ADRS); //スレーブが存在するか確
認
  byte error = Wire.endTransmission();
```

```
  if( error == 0){
    Wire.beginTransmission(SLAVE_ADRS); //スタート・コンディ
ションの発行

    switch(no){
      case 0:
        Wire.print("ohayougozaima_su.¥r");
        break;
      case 1:
        Wire.print("kyouwa,shigotode,kanaritukareta");
        Wire.endTransmission(); //ストップ・コンディションの発行
        Wire.beginTransmission(SLAVE_ADRS); //スタート・コン
ディションの発行
        Wire.print("node,hayakunema_su.¥r");
        break;
      case 0xFF:
        Wire.print("$");
        break;
    }

    Wire.endTransmission(); //ストップ・コンディションの発行
  }
}
/* Timer Management function add */
void mainTimer(void){

  if ( millis() - beforetimCnt >= BASE_CNT ){
    beforetimCnt = millis();

    if( timdifilt > TIME_UP ){
      timdifilt--;
    }
  }
}
/* DiFilter function add */
void DiFilter(void){

  if( timdifilt == TIME_UP ){
    difilt.buf[difilt.wp] = digitalRead(PIN_DI1);

    if( difilt.buf[0] == difilt.buf[1] &&
```

```
        difilt.buf[1] == difilt.buf[2] &&
        difilt.buf[2] == difilt.buf[3] ){ //4回一致を確認
          difilt.di1 = difilt.buf[0];
    }

    if( ++difilt.wp >= DI_FILT_MAX ){
      difilt.wp = 0;
    }

    timdifilt = FILT_MIN;
  }
}
```

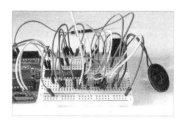

第12章

「標準ライブラリ」で「ブザー」を鳴らす

Arduinoに標準搭載されている「ライブラリ」を使って「PWM波形」を生成することで、「ブザー」を鳴らせます。

本章では、PWMのデューティー比を変更しながら「電子ブザー」を鳴らす方法と、音程の変化についてまとめています。

12-1 使用する「ライブラリ」

今回は「標準ライブラリ」である「analogWrite()」を使う方法で「ブザー」を鳴らしています。

図12-1 「analogWrite()」で「電子ブザー」を鳴らす

12-2 ArduinoのPWMでブザーを鳴らす方法

「電子ブザー」は発振回路がついており、極性があるものが多く、電圧を加えると「ブザー」が鳴る仕組みです。

電流を流し続けると「発熱」などの問題があるため、**「パルス波形」**を与えて**電流が流れ続けないようにしながら電圧を加えること**が推奨されます。

＊

「ブザー」の構造でコイルが使われている場合には、電圧の変化によって**「逆起電力」**が発生することがあるため、注意が必要です。

マイコンで動作させられる程度の「ブザー」であれば気にならない程度ですが、電源電圧が「DC12V」以上のものになると、対策が必要になるケースがあります。

「逆起電力」は、マイナス側にダイオードの「アノード (A)」をつなぐようにして、「ブザー」に並列に接続することで対策できます（コイルによってマイナス側の電圧が高くなるため）。

■「標準ライブラリ」を使う

Arduinoの「標準ライブラリ」である「**analogWrite()関数**」を使うことで、「PWM波形」が生成でき、簡単に「ブザー」を鳴らすことができます。

```
#define PIN_PULSE  6

void setup() {

  analogWrite(PIN_PULSE,duty); //最大値255に対して値を入れて比
率を決める
}
```

引数1はPWM出力する「ピン番号」を指定し、**引数2**には最大値「255」に対して「パルスを切り替える値」を指定します。

＊

最大値に対して指定した値が「HIGH」になる区間になります。

たとえば、デューティー比を50%と指定する場合は、**引数2**に「127」を指定します。

＊

「0」にすると、理論的には「PWM波形」が生成されませんが、実際には、わずかに誤差の範囲で出力されることがあります。

最大値の「255」の場合についても同様で、電圧出力が100%にならないことがあります。

＊

「Arduino」はピンによって「キャリア周波数」が変化します。

その関係を、以下の表にまとめました。

今回は「6ピン」を使っています。

表12-1 PWMの「キャリア周波数」の関係

対象ピン	キャリア周波数
3・9・10・11ピン	490Hz
5・6ピン	980Hz

「analogWrite()関数」をコールすると、「PWM波形」が出力され続けるため、「ブザー」が鳴り続けます。

> ※ブザー音を長く聞いていると耳障りに感じることも多いので、「ブザー」を止めたい場合は、引数に「0」を入れて一時的に停止できます。

■PWM波形について

「analogWrite()関数」で生成したPWM波形の「キャリア周波数」は一定です。

＊

引数に設定した値によって「デューティー比」は高くなっていきます。

「デューティー比」が高くなるほど「HIGH」の区間が長くなるため、平均した電圧は高くなります。

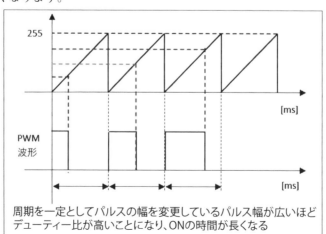

図12-2 「PWM」の「デューティー比」の考え方のイメージ

　　　　　　　　　　　　＊

　「電子ブザー」は電圧を変化させると若干音程を変えることができるため、「デューティー比」を変化させることで音程を変更できます。

```
void ChngBuz(){

  switch(buzmode){
    case 0:
      duty = 0;
      break;
    case 1:
      duty = 60;
      break;
    case 2:
      duty = 120;
      break;
    }

  analogWrite(PIN_PULSE,duty);//デューティー比を可変しながら音程
を変更
}
```

　「若干」しか変化しないのは、「電子ブザー」のコイルなどの負荷によって、「デューティー比」を変化させても電圧が変化しにくくなり、音程の変化を大きく感じることができないためです。

※音程の変化を大きくしたい場合は、「**キャリア周波数**」を**変化**させたほうがいいでしょう。
　たとえば、「6ピン」を「3ピン」に置き換えると、音程が低くなります。

12-3 動作確認

Arduinoの「3ピン」はLEDの点灯用に使い、「6ピン」は「電子ブザー」を鳴らします。

*

「ブザー」は、インピーダンスが高いものを使っていれば「抵抗」は不要です。

短絡故障したときにマイコンに負荷がかかるため、実装したほうがいい場合もありますが、今回は手持ちの抵抗を実装すると音が小さくなりすぎたため、直接接続しています。

*

「ブザー」を持続して鳴らしていると耳障りに感じることがあるため、「100ms」間鳴らした後、「900ms」はOFFするようにしています。

*

「SW」はPWM波形の「デューティー比」を変更するために実装しています。

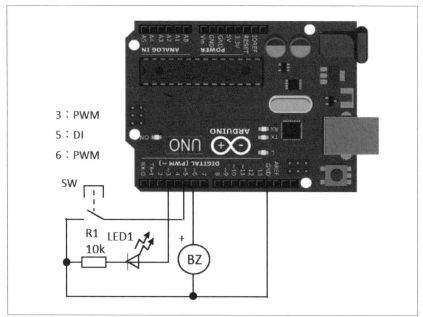

図12-3 「Arduino」でブザーを鳴らす(PWM)

*

「SW」を押すと、PWMの「デューティー比」が変更されてブザーの音程が変わり、"ピッ"と1秒間隔で鳴っていることが確認できました。

*

LEDも1秒間隔で「点灯/消灯」しますが、「デューティー比」が高くなるほど「輝度」が上がっていることが確認できました。

LEDの3ピンと「ブザー」の6ピンを入れ替えると、「ブザー」の音程が低くなるため、キャリア周波数が変わっていることも確認できます。

12-4 ソースコード全体

以下の「ソースコード」はコンパイルして動作確認をしています。

※コメントなど細かな部分で間違っていたり、ライブラリの更新などによって動作しなくなったりする可能性はあります。

リスト　全体ソースコード

```
#define PIN_PULSE1 6
#define PIN_PULSE2 3
#define PIN_DI 5
#define DI_FILT_MAX 4
#define FILT_MIN 1

#define TIME_UP 0
#define TIME_OFF -1
#define BASETIME 10
#define BUZ_ON 10
#define BUZ_OFF 90

struct DIFILT_TYP{
  uint8_t wp;
  uint8_t buf[DI_FILT_MAX];
  uint8_t di1;
};

bool btnflg1;
uint8_t buzmode;
int16_t timdifilt;
int16_t timbuzon;
```

```
int16_t timbuzon2;
int16_t cnt10ms;
uint32_t beforetimCnt = millis();
DIFILT_TYP difilt;
uint8_t duty;

void ChngBuz(void);
void DiFilter(void);
void mainTimer(void);

void setup() {

  pinMode(PIN_DI,INPUT_PULLUP);
  timdifilt = FILT_MIN;
  timbuzon = BUZ_ON;
  timbuzon2 = TIME_OFF;
}

void loop() {

  DiFilter();
  mainTimer();

  if(difilt.di1 == 0){
    if(btnflg1){
      btnflg1 = false;
      ChngBuz();
    }
  }else{
    btnflg1 = true;
  }

  if( timbuzon == TIME_UP ){
    timbuzon = TIME_OFF;
    timbuzon2 = BUZ_OFF;
    analogWrite(PIN_PULSE1,0);
    analogWrite(PIN_PULSE2,0);
  }
  if( timbuzon2 == TIME_UP ){
    timbuzon2 = TIME_OFF;
    timbuzon = BUZ_ON;
```

```
    analogWrite(PIN_PULSE1,duty);
    analogWrite(PIN_PULSE2,duty);
  }
}

/* Timer Management function add */
void mainTimer(void){

  if ( millis() - beforetimCnt >= BASETIME ){
    beforetimCnt = millis();

    if( timdifilt > TIME_UP ){
      --timdifilt;
    }
    if( timbuzon > TIME_UP ){
      --timbuzon;
    }
    if( timbuzon2 > TIME_UP ){
      --timbuzon2;
    }
  }
}
/* DiFilter function add */
void DiFilter(){

  if( timdifilt == TIME_UP ){
    difilt.buf[difilt.wp] = digitalRead(PIN_DI);

    if( difilt.buf[0] == difilt.buf[1] &&
        difilt.buf[1] == difilt.buf[2] &&
        difilt.buf[2] == difilt.buf[3] ){ //4回一致を確認
        difilt.di1 = difilt.buf[0];
    }
    if( ++difilt.wp >= DI_FILT_MAX ){
      difilt.wp = 0;
    }
    timdifilt = FILT_MIN;
  }
}
/* Buzzer change function add */
void ChngBuz(){
```

```
switch(buzmode){  //ボタンを押すとデューティー比を変更する
  case 0:
    duty = 0;
    break;
  case 1:
    duty = 60;
    break;
  case 2:
    duty = 120;
    break;
  case 3:
    duty = 180;
    break;
  case 4:
    duty = 240;
    break;
}

if( ++buzmode >= 5 ){
  buzmode = 0;
}
}
```

索 引

索 引

■著者略歴

ENGかぴ

2007年電機メーカーに就職し、組み込みエンジニアとして産業用の電子機器やIoT機器の開発業務に従事。

2020年にブログ「スマートライフを目指すエンジニア」（https://smtengkapi.com/）を立ち上げ、ArduinoやPICマイコンなどを使って、各種センサの動作確認をしながらサイトに公開している。

本書の内容に関するご質問は、
① 返信用の切手を同封した手紙
② 往復はがき
③ FAX (03) 5269-6031
　（返信先の FAX 番号を明記してください）
④ E-mail　editors@kohgakusha.co.jp
のいずれかで、工学社編集部あてにお願いします。
なお、電話によるお問い合わせはご遠慮ください。

サポートページは下記にあります。

［工学社サイト］

http://www.kohgakusha.co.jp/

I/O BOOKS

Arduino標準ライブラリの使い方

2022年 9 月30日　初版発行　ⓒ2022

著　者　　ENG かぴ
発行人　　星　正明
発行所　　株式会社 工学社
〒160-0004 東京都新宿区四谷 4-28-20 2F
電話　　　（03）5269-2041（代）［営業］
　　　　　（03）5269-6041（代）［編集］

※定価はカバーに表示してあります。

振替口座　00150-6-22510

印刷：シナノ印刷（株）

ISBN978-4-7775-2211-8